U0790028

GIS 空间分析实验教程

田永中　盛耀彬　吴文戬　朱莉芬　梁　甜　编著

科学出版社

北　京

内 容 简 介

本书是作者在长期从事 GIS 及空间分析教学、科研的基础上，根据学科发展特点和社会的需求状况，以 ArcGIS 为平台编写的空间分析课程实验教材。书中的实验内容自成体系，精选了空间分析前的数据准备、矢量数据的分析方法、栅格数据的分析方法、空间分析方法综合应用等 4 个方面的 20 个实验，每个实验都包括实验目的、内容、原理与方法、设备与数据、步骤、说明等方面的介绍，所有的实验都配备了相关的数据。通过这些基于 GIS 的空间分析实验，能够让读者有效地掌握空间分析的基本原理和方法，解决实际应用中的空间问题。它既可作为《GIS 空间分析基础教程》的配套实验教材，也可以独立使用。

本书可作为高等院校地理信息科学、人文地理与城乡规划、自然地理与资源环境、土地管理、测绘工程、水土保持等专业本科生、研究生地理信息系统、空间分析等相关课程的实验教材，也可供其他相关专业师生、专业技术人员、研究人员参考使用。

图书在版编目（CIP）数据

GIS 空间分析实验教程/田永中等编著. —北京：科学出版社，2018.3

ISBN 978-7-03-056330-9

Ⅰ. ①G…　Ⅱ. ①田…　Ⅲ. ①地理信息系统–教材　Ⅳ. ①P208.2

中国版本图书馆 CIP 数据核字（2018）第 008885 号

责任编辑：杨　红　程雷星/责任校对：何艳萍

责任印制：赵　博/封面设计：迷底书装

科学出版社 出版

北京东黄城根北街 16 号

邮政编码：100717

http://www.sciencep.com

保定市中画美凯印刷有限公司印刷

科学出版社发行　各地新华书店经销

*

2018 年 3 月第　一　版　　开本：787×1092　1/16

2024 年12月第七次印刷　　印张：9 3/4

字数：215 000

定价：39.00 元

（如有印装质量问题，我社负责调换）

序

地理信息系统（GIS），以其对空间数据的采集、存储、管理、分析等功能，在众多领域都展现出了强大的生命力，其发展方兴未艾。GIS 的优势与特色是空间分析。通过空间分析，人们才能把空间信息挖掘出来，把空间数据的价值发挥出来。特别是在当前国家大力提倡大数据应用的时代，GIS 迫切需要通过对时空大数据的分析，解决国家经济、社会、生态等方面发展中的空间决策问题。从 GIS 功能的角度看，空间分析是 GIS 的核心功能，是 GIS 区别于其他管理信息系统的根本标志。从 GIS 应用的角度看，空间分析能够解决众多的空间问题，是 GIS 的核心价值所在。从 GIS 专业课程设置来看，空间分析是 GIS 及相关专业的核心课程。教材是开展课程教学的重要载体，因此编写一本好的空间分析教材对提升 GIS 教育质量具有重要作用。

前些年，有幸拜读了田永中老师主编的《地理信息系统基础与实验教程》并为其作序。如今，田永中老师的教学团队再次出发，在总结十几年的 GIS 基本原理、空间分析等课程教学经验的基础上，广泛调研 GIS 人才的社会需求和国内外的相关教学成果，结合自身所从事的科学研究和教学研究，历时数年编写了《GIS 空间分析基础教程》，并配套编写了《GIS 空间分析实验教程》。可以看出，作者十分重视空间分析教学的理论与实践的结合，注重学生实践技能的培养和锻炼。《GIS 空间分析基础教程》深入浅出，系统归纳了空间分析的基本理论和方法。它从空间分析的基本概念和发展历程入手，阐明了空间分析的任务、内容、方法和过程；以空间数据为切入点，阐述了空间分析前的各项数据准备工作；以矢量数据及栅格数据为重点，详细介绍了各类常见的空间分析方法；以模型和应用为落脚点，阐述了如何综合应用空间分析方法解决各类空间问题。《GIS 空间分析实验教程》精心筛选了 20 个实验，内容涵盖了从数据处理、分析方法到综合应用的各方面。每个实验都对实验原理和方法进行了准确透彻的解释，实验步骤条理清晰、解释清楚、便于操作，对实验中可能出现的问题也进行了补充说明。读者通过这些实验，能够加深对空间分析原理的理解，提高自己通过空间分析解决空间问题的技能。总体上来说，这套教材是我国 GIS 教育界近年来很有特色的教学成果，相信能够很好地指导老师教学和学生学习。

教学是人才培养的必要手段，教材建设是任何一个专业发展的重要基础性工作。长期以来，我们一直鼓励和支持广大教师积极编写更多更优秀的 GIS 专业教材用于 GIS 教育和行业应用。我们也相信，这套教材的出版，必将为促进我国 GIS 教育事业的健康发展锦上添花。

中国地理信息产业协会教育与科普专业工作委员会主任

汤国安

2018 年 2 月 26 日

前　言

空间分析是 GIS 的核心技术，空间分析课程是地理信息科学专业的核心课程，实践性很强，实验是该课程的一个重要组成部分。在长期的教学实践中，作者深感实验课程对于培养学生实践动手能力的重要性，而一本好的实验教材是其中的关键。综观我国高校空间分析的相关教材，可以发现部分教材理论性太强，且缺乏配套的实验，无法有效开展实验教学；还有一些教材则实验过多，且与理论教材的配套性较差。编写一本适用于本科、研究生的地理信息系统、空间分析等课程的实验教程很有必要。2015 年年初，作者组织了长期从事地理信息系统和空间分析等相关课程教学的教师，在广泛进行高校空间分析教学调研和 GIS 技术市场需求调研的基础上，经过两年多的努力，编写了本书。

本书是《GIS 空间分析基础教程》的配套实验教程，在内容方面与该教程相对应，通过这些实验拟解决如何准备空间分析的数据、如何针对不同结构的数据开展空间分析、如何综合运用空间分析方法等 3 个方面的问题，因此全书在内容上安排了空间分析数据准备、矢量数据的分析方法、栅格数据的分析方法、空间分析方法综合应用等四大板块共 20 个实验，每个实验都对实验目的、内容、原理与方法、设备与数据、步骤、说明等作了较为详细的介绍。关于实验数据，请读者发邮件至 983162391@qq.com 索取。

调查发现，全国高校空间分析课程的实验一般小于 40 学时。基于此，本书按 40 学时的实验进行设计，在保证基本教学需要的前提下，也能满足部分读者的更高要求。教师在教学过程中，可根据本校在实验学时、专业培养目标、学生发展方向等方面的要求，有选择地开展实验教学。对不能在课堂中完成的实验，可安排为课外练习。

本书的实验紧密结合 ArcGIS 软件，以 ArcGIS10.4 版本为基础编写，同时能够兼容 10.4 以下的多个版本。因为 ArcGIS 的不同版本之间在处理某些空间分析问题时有一些差异，所以读者在开展实验时可能还会碰到版本差异产生的问题。一般情况下，适当调整实验方法或过程，都可以解决版本差异问题。

本书在编写过程中，还得到了江汶静、吴晶晶、许文轩、肖悦、田林、刘瑾、刘旭东、万祖毅、张雪倩、叶胜、陶媛、唐君桃等的大力支持，他们在实验数据收集整理、实验过程检查及文本校正等方面做了大量工作，在此一并感谢！同时也要感谢中国科学院地理科学与资源研究所、重庆市气象科学研究所、西南大学教务处和研究生院等单位在本书编写中给予的帮助！

本书可以作为本科生、研究生地理信息系统、空间分析等相关课程的实验教材，也可供相关专业师生、专业技术人员、研究人员参考使用。

由于编者水平有限，书中难免存在不足之处，敬请读者不吝指正！

田永中

2017 年 10 月

目　录

实验一　为研究区准备数据

一、实验目的

通过为某一研究区准备土地利用数据，了解空间数据的分幅编号方法，掌握空间数据的配准、裁切、拼接等常用的空间数据处理技术，为空间分析做好数据准备。

二、实验内容

根据某一研究区的界线，确定该区域的地理范围，计算所涉及的1∶1万土地利用数据的分幅图的图幅号；收集并扫描这些图幅的地图，进行空间配准、投影定义和投影转换；对相邻图幅的地图进行拼接和裁切，获取研究区内的土地利用数据。

三、实验原理与方法

实验原理：空间分析必须有空间数据。对一个区域开展研究和分析前，所获取的空间数据在格式、范围、坐标等方面与研究区不一致，从而需要对原始数据进行处理，包括格式转换、坐标调整与数据配准、数据裁切与拼接、数据提取等。例如，原始数据的范围若小于研究区范围，则往往需要拼接相邻区域的数据；若大于研究区域，则需要对数据进行裁切。我国基本比例尺地形图均以1∶100万地形图为基础，按照一定的经差和纬差进行图幅划分和数据组织。通常，空间分析所涉及的研究区域是某一行政区或其他任意多边形的自然、经济等区域，需要通过拼接相邻的分幅地图来生成研究区的数据。其一般过程是，先根据研究区的地理范围，结合地形图分幅与编号的方法，确定该研究区所涉及的图幅；然后构建这些图幅的经纬网，将这些图幅的数据以经纬网为基础进行配准；最后通过裁切与拼接等操作即可得到研究区的数据。地形图之外的其他空间数据（如土地利用数据）的分幅组织，也往往采用地形图的分幅和编号方法。

实验方法：首先，确定研究区的地理范围，并根据1∶1万地形图的分幅编号方法，计算研究区涉及的分幅图的图幅号；其次，根据这些图幅号，采用格网创建工具，生成这些图幅的经纬网，并定义投影、转换投影；然后收集并扫描这些图幅的土地利用图，将它们分别配准到相应的经纬格网上；再次，裁去土地利用图上内图廓线以外的数据，并对裁切后的相邻图幅进行拼接；最后，由研究区界线生成多边形，并用它对拼接后的地图数据再次进行裁切，从而获得研究区内的土地利用数据。实验流程见图1.1。

四、实验设备与数据

（1）实验设备：扫描仪、计算机。

（2）主要软件：ArcGIS 10 等。

（3）实验数据：“实验 01”文件夹下的相关数据，包括研究区界线数据（研究区.shp）及研究区所涉及的 4 幅土地利用现状图（*.tif）。

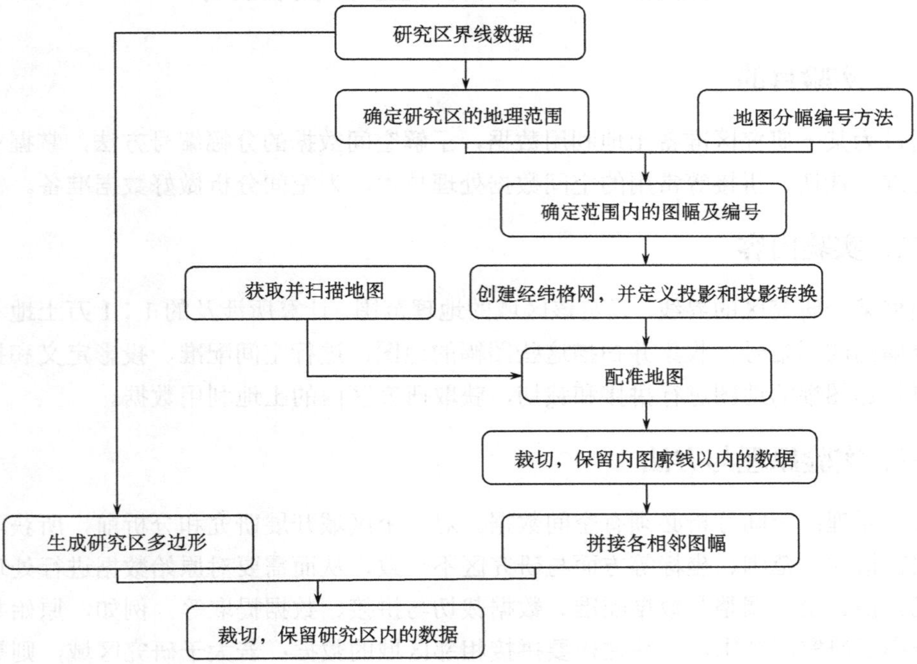

图 1.1　实验流程图

五、实验步骤

1. 确定研究区范围

（1）打开 ArcMap，加载实验 01 文件夹中提供的研究区界线数据（研究区.shp）。右键点击左侧内容表（Table of Contents）中的【Layers】，选择【Properties...】，在打开的对话框中点击 General 标签，在【Units】→【Display】下拉列表中选择十进制度（Decimal Degrees），然后点击【确定】，从而将地图显示的坐标单位修改为“十进制度”。

（2）将鼠标移动到研究区数据范围的左下角，记录下显示区右下角状态栏上所显示的经纬度；用同样的方法记录研究区范围右上角的经纬度（或将鼠标移动到数据的最北、最南、最东、最西处），从而确定研究区的地理范围，即四至（如图 1.2 所示，研究区介于 106.982°E～107.061°E、29.27°N～29.33°N）。

2. 计算研究区所涉及的图幅及编号

（1）计算研究区所在的 1∶100 万图幅的行列号。因为研究区的纬度介于 28°N~32°N，所以行号应为 H（32/4=8→H）；研究区经度介于 102°E~108°E，因此列号应为 48（108/6+30=48→48），即所在的 1∶100 万图幅为 H48。

（2）计算研究区所涉及的 1∶1 万图幅在 H48 图幅中的行列号区间。行号：最北（32°–29.33°）/（2′30″/60），取整（舍去小数部分）后加 1，即 65 行；最南（32°–29.27°）/（2′30″/60），取整后加 1 为 66。因此研究区涉及 65、66 两行图幅。列号：最西（106.982°–102°）/（3′45″/60），取整后加 1 为 80；最东（107.061°–102°）/（3′45″/60），取整后加 1 为 81。因此，研究区涉及 80、81 两列的图幅。综上可以看出，研究区四至范围涉及两行两列共 4 个图幅。以上计算中的 2′30″和 3′45″分别为 1∶1 万地形图分幅的纬差和经差，换算为度后分别为 0.04166667 和 0.0625。

（3）因为 1∶1 万地图的比例尺编号为 G，所以研究区 4 幅 1∶1 万地图的图幅编号分别为 H48G065080，H48G065081，H48G066080，H48G066081。

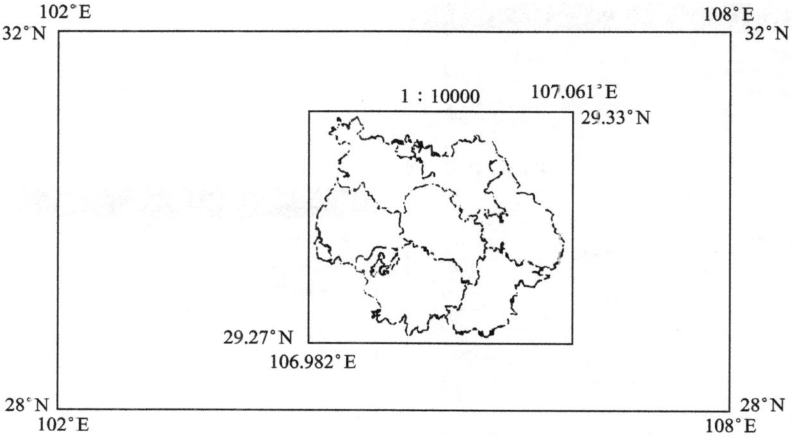

图 1.2　研究区地理范围及其与 1∶100 万图幅之间的关系

3. 创建图幅的经纬格网（Create Fishnet）

在 ArcCatalog 中，点击标准工具条上的按钮，打开 ArcToolbox，依次双击【Data Management Tools】→【Feature Class】（ArcGIS 10.4 后的版本中为 Sampling）→【Create Fishnet】，打开创建格网工具对话框，按以下过程设置参数（图 1.3），生成以上 4 个图幅的经纬网。

（1）设置输出格网数据的保存位置与名称。

（2）设置格网的原点坐标。本实验中，H48G066080 是最左下角的图幅，该图幅左下角的经纬度分别为 102°+（80–1）×（3′45″/60）=106.9375°、32°–66×（2′30″/60）= 29.25°。

（3）设置 Y 轴上某点的坐标，该点与原点的连线定义为 Y 轴。该点的 X 坐标与原点的相同，Y 坐标为任一值，但要比原点的 Y 坐标值大（如 32），从而使该点位于原点的正上方，这样建立起来的格网坐标体系中，X 轴为水平轴，Y 轴为竖轴，且指向上方。

（4）设置格网的大小。本实验中，格网的大小即为 1∶1 万标准图幅的经纬差。格网宽度（Cell Size Width）输入经差的十进制度 0.0625，格网高度（Cell Size Height）输入纬差的十进制度 0.04166667。

（5）设置格网的行数（Number of Rows）和列数（Number of Columns）。本实验中，共有两行两列图幅，因此行列数均输入 2。

（6）在几何类型（Geometry Type）设置中，选择多边形（POLYGON）。

设置完成，点击【OK】，生成经纬格网的多边形数据。

需要注意的是，若在 ArcGIS 10.0 以前的版本中，Create Fishnet 工具只能创建格网线，不生成格网多边形，即缺乏上述步骤中的最后一步。此时，需要采用 Feature To Polygon 工具，将生成的格网线转换成面状要素（【ArcToolbox】→【Data Management Tools】→【Features】→【Feature To Polygon】）（图 1.4）。

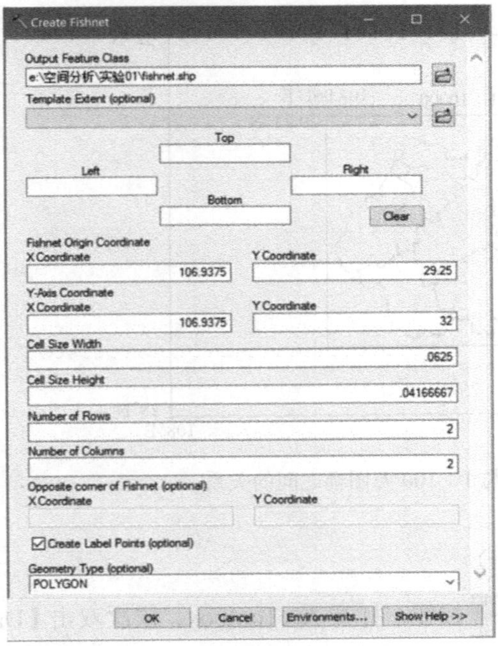

图 1.3　创建经纬格网

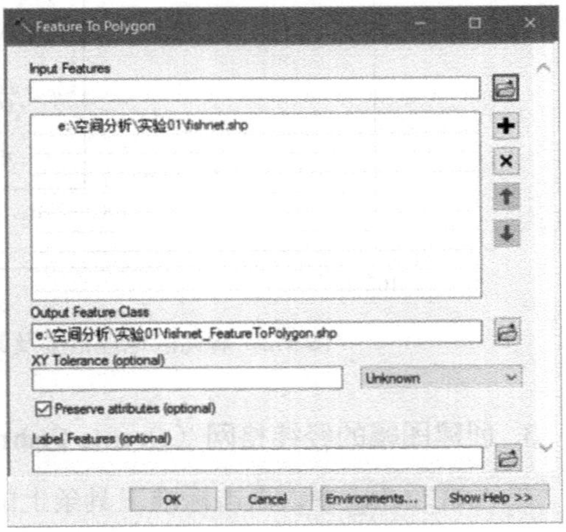

图 1.4　将经纬格网转换为格网多边形

4. 为格网定义投影并进行投影转换

（1）设置地理坐标系统。在 ArcCatalog 中，右键点击上一步生成的数据，选择【Properties】，在 XY Coordinate System 标签中，依次选择【Geographic Coordinate Systems】→【Asia】→【Xian 1980】，点击【确定】，完成地理坐标系统的设置（图 1.5），也可采用 ArcToolbox 中的定义投影工具（Define Projection）来设置坐标系统。

（2）进行投影转换。在 ArcToolbox 中，依次选择【Data Management Tools】→【Projections and Transformations】→【Feature】，双击【Project】，打开投影转换对话框。

在 Input Dataset or Feature Class 中设置需要转换投影的数据（上一步的数据），在 Output Dataset or Feature Class 中设置投影转换后数据的保存位置与名称，点击 Output Coordinate System 右侧按钮，依次选择【Projected Coordinate Systems】→【Gauss Kruger】→【Xian 1980】→【Xian 1980 3 Degree GK Zone 36】，并浏览下方的坐标系统参数，点击【OK】完成投影转换（图 1.6）。

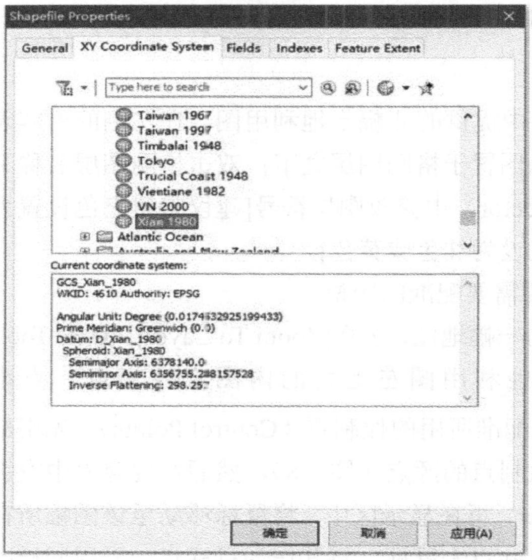

图 1.5　设置地理坐标系统

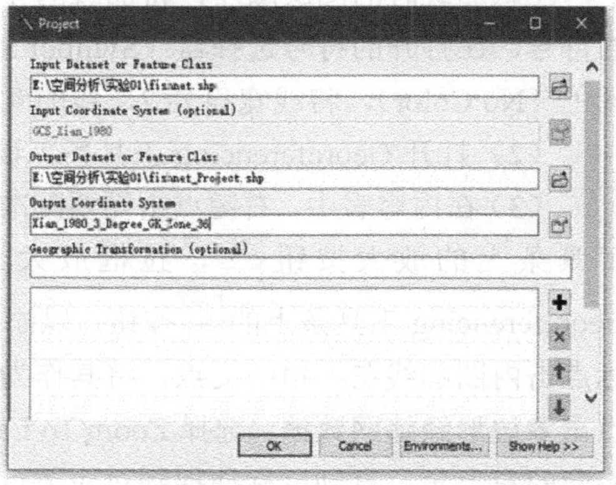

图 1.6　投影转换

（3）加载格网。将上一步生成的格网数据加载到 ArcMap 中，浏览研究区与图幅格网之间的空间位置关系，确定研究区所涉及的图幅（图 1.7）。实际应用中，采用以上行列格网创建的某些图幅可能并不在研究区范围内，因此这些图幅不用参与后续的操作。

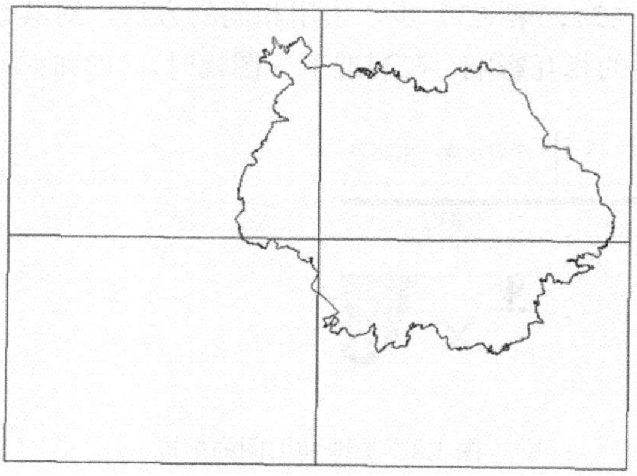

图 1.7　研究区与图幅格网的位置关系

5. 收集并扫描地图

（1）与本地区地图的管理、生产单位联系，在获得许可的情况下，收集以上图幅号的土地利用图。

（2）若获取的是纸质土地利用图，则需要将这些纸质图件，通过扫描仪扫描为栅格形式的电子图件。

本实验中已提供了以上计算出的图幅的扫描文件，因此该过程在本次实验中可省略。

6. 配准土地利用图

（1）在 ArcMap 中加载实验 01 文件夹中提供的 4 幅土地利用图。在左侧的内容表中，注意加载时的图层顺序，将加载的 4 幅图置于格网图层之下；双击格网图层名称下的符号，在打开的符号选择器（Symbol Selector）中修改图层符号[建议将填充色设置为无色（No Color），将线宽设为 2，线的颜色设为红色或黄色]。

（2）打开 Georeferencing 工具条，设置需要配准的图幅。

（3）在内容表中，右键点击需要配准的一幅地图，选择[Zoom To Layer]。点击 Tools 工具条上的放大按钮，拉框放大土地利用图左上角的内图廓线交点。点击 Georeferencing 工具条上的按钮，以添加配准所用的控制点（Control Points）。先用鼠标点击内图廓线左上角的交点，将其作为控制点的源点（图 1.8），然后在内容表中右键点击多边形经纬网数据，选择 Zoom To Layer，再在显示区中，将鼠标移动至该图幅所在格网的左上角，直到鼠标捕捉到对应节点，并点击鼠标，将其作为目标点。采用同样的方法依次对右下角、左下角、右上角等 3 个余下的内图廓线交点进行配准，并检查格网线与地图内图廓线的重合情况。点击 Georeferencing 工具条上的按钮，打开控制点的连接表格，检查配准的残差后关闭该表格。最后点击 Georeferencing 工具条上 Georeferencing 下拉菜单中的【Update Georeferencing】，更新几何参考，以完成对该幅土地利用图的空间坐标配准。

（4）重复以上第（2）、第（3）步，采用相同的方法，对其余 3 幅土地利用图进行空间配准。为避免图层的相互影响，在配准下一图幅时，可暂时关闭前一幅地图的显示。

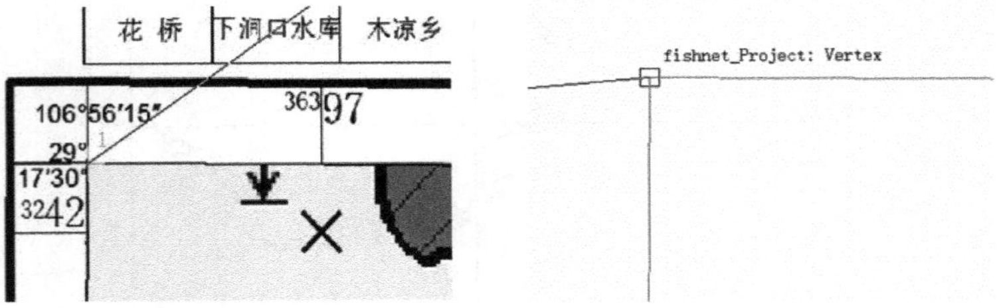

图 1.8　土地利用图的配准

7. 土地利用图的裁切与拼接

1）裁切土地利用图内图廓线以外的数据

同时打开以上配准的 4 幅地图，可以看到 4 幅图的内图廓线以外的区域相互重叠，因此拼接前需要将这些区域裁切。

先点击 Tools 工具条上的 Select features 按钮，选择经纬格网中的一个多边形；然后打开 ArcToolbox，依次选择【Spatial Analyst Tools】→【Extraction】，双击【Extract by Mask】，打开掩膜裁切对话框，在 Input raster 中设置需要被裁切的一幅土地利用图（前面所选格网多边形对应的那幅图），在 Input raster or feature mask data 中，输入经纬格网数据，在 Output raster 中设定输出数据的保存位置和名称。最后点击【OK】，完成对本幅土地利用图的裁切（图 1.9）。

采用以上相同的方法对其余 3 幅土地利用图进行裁切。浏览裁切后生成的数据。

2）对土地利用图进行拼接

在 ArcToolbox 中，依次选择【Data Management Tools】→【Raster】→【Raster Dataset】→【Mosaic To New Raster】，在 Input Rasters 中选择并输入上一步裁切后的 4 幅土地利用图，在 Output Location 中设置输出数据保存的文件夹，在 Raster Dataset Name with Extension 中，设置输出数据保存的名称（包含反映格式的扩展名，如 tif），在 Number of Bands 中，设置波段数为“3”，最后点击【OK】，完成土地利用图的拼接（图 1.10）。

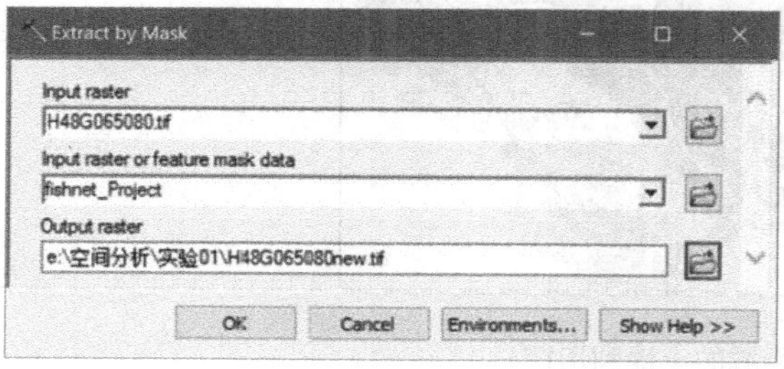

图 1.9　土地利用图的裁切

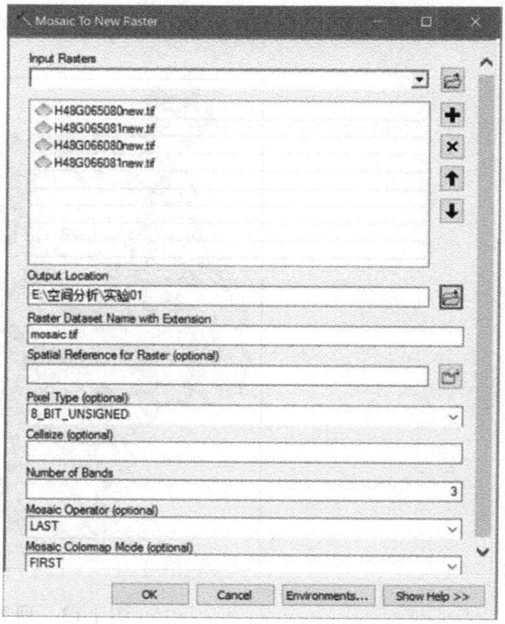

图 1.10　土地利用图的拼接

8. 研究区土地利用图的裁切

（1）根据研究区的范围界线，生成多边形。因为原始的范围数据是线要素，不能用于区域裁切，所以需要采用 Feature To Polygon 工具（【ArcToolbox】→【Data Management Tools】→【Features】→【Feature To Polygon】），将线转换成多边形（图 1.11）。

（2）研究区的数据裁切。上一步拼接后生成的土地利用数据，其范围超过研究区范围，因此需要用研究区去再次裁切。裁切所用的工具为 Extract by Mask，工具的位置及参数设置与前述类似（图 1.12）。图 1.13 是裁切后所得到的研究区内的土地利用数据。

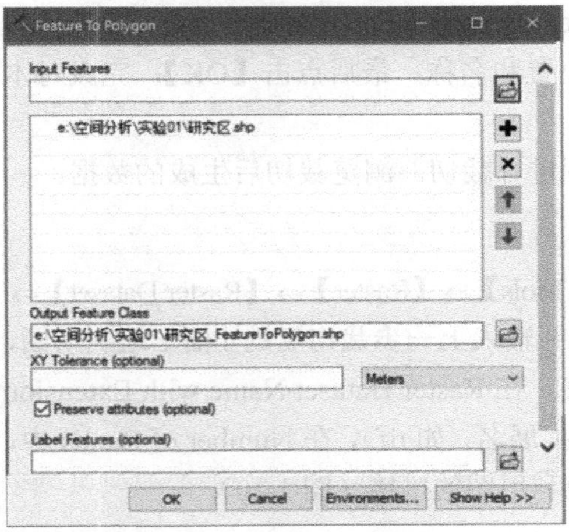

图 1.11　将研究区界线转换为多边形

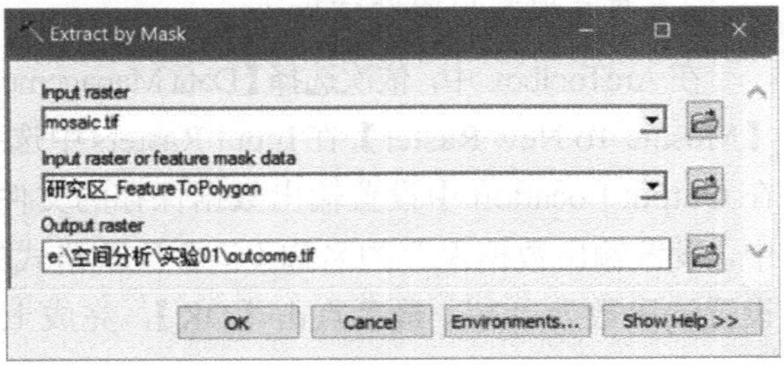

图 1.12　研究区土地利用图的裁切

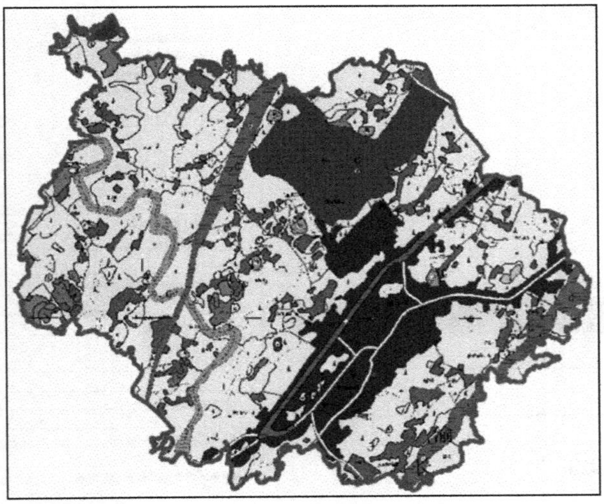

图 1.13　研究区域的土地利用图

六、实验说明

（1）在具体应用中，因为研究区边沿外的要素对边沿内的要素有影响或相互作用，所以最终结果前的原始数据范围，甚至中间数据的范围往往都需要比研究区略大。此时，可考虑将研究区向外扩展一定宽度（如 100m），然后用扩展后的区域对土地利用图等数据进行裁切与分析。扩展区域的常用方法，一是将研究区边界向外作平行线（Copy parallel），二是对研究区向外作缓冲区（Buffer）。

（2）研究区的地理范围也可从研究区数据的元数据中查找（ArcCatalog 显示区 Description 标签下的 Extent，列出了数据的四至范围，但这一范围在某些时候比实际范围大）。

（3）图幅号的计算，除采用以上方法外，也可采用专用的图幅号计算工具。实验 01 文件夹中提供了一个这样的计算工具（来源于网络，作者不详），读者可采用该工具对所计算出的图幅号进行验证。

（4）若获取的土地利用图为电子图件（如 CAD 图件），且具有正确的地理坐标，则不需要进行配准，可直接转换为 ArcGIS 的文件格式，再采用矢量数据的拼接和裁切方法进行处理。

（5）本实验中的输出数据直接保存在实验 01 文件夹中。对某些版本的 ArcGIS，需要将输出数据保存在 Geodatabase 中，在此情况下，读者可以在实验 01 文件夹中新建一个 Geodatabase 之后再保存。

（6）地形图是进行空间分析的常用数据源。由于地形图的保密要求，本实验中采用了土地利用图代替地形图来介绍空间数据的处理过程和方法。事实上，任何分幅的数据都可以采用本实验类似的方法来进行处理。

实验二　空间数据格式转换

一、实验目的

了解不同空间数据格式的特点，掌握几种常用 GIS 数据格式之间的相互转换方法。

二、实验内容

采用多种方法实现 Shapefile 格式与 Geodatabase 格式之间的相互转换；对 KML 格式与 Geodatabase 格式的数据进行相互转换；采用 Export 模式、ArcToolbox 中的转换工具、第三方转换软件 FME 等多种模式，实现 AutoCAD 格式与 Shapefile、Geodatabase 等格式之间的相互转换，分析转换结果，比较各种转换方法之间的差异。

三、实验原理和方法

实验原理：Shapefile 与 Geodatabase 是 ArcGIS 中两种常见的空间数据格式，采用 ArcToolbox 提供的专用格式转换工具可以实现两者间的转换，同时也可以在 ArcCatalog 或 ArcMap 中右击数据图层，通过 Export 模式实现格式的转换。这些方便的数据转换方法，有利于实现数据的共享和多种目的的应用。KML 是一种基于 XML 开发的文件格式，用于描述和保存地理信息数据的编码规范，可以被 Google Earth 和 Google Maps 识别并显示，ArcGIS 提供了 KML/KMZ 格式数据与 Geodatabase 之间的转换工具以实现两者的相互转换。CAD 数据是 GIS 空间数据的一个重要来源，许多测绘成果的数据采用了 CAD 的格式。ArcToolbox 中的转换工具、ArcGIS 的数据 Export 模式，以及第三方格式转换软件（如 FME）等，均可实现 CAD 数据格式与 GIS 格式之间的相互转换。

实验方法：新建 Geodatabase 和要素数据集，采用多种转换方法（如对数据集采用 Import 模式、对 Shapefile 采用 Export 模式、ArcToolbox 的转换工具等），将 Shapefile 格式的点、线、面等数据输入至 Geodatabase 中，然后将 Geodatabase 中的数据以多种方法转换为 Shapefile 格式；利用 ArcToolbox 中的 KML To Layer、Layer To KML 或 Map To KML 工具，进行 KML 与 Geodatabase 的相互转换。以某地的城市规划成果 DWG 格式的数据为例，采用 ArcGIS 的转换工具、FME 等多种转换方法，实现 CAD 数据与 ArcGIS 数据的相互转换。实验流程见图 2.1。

四、实验设备与数据

（1）实验设备：计算机。

（2）主要软件：ArcGIS 10、FME 等。

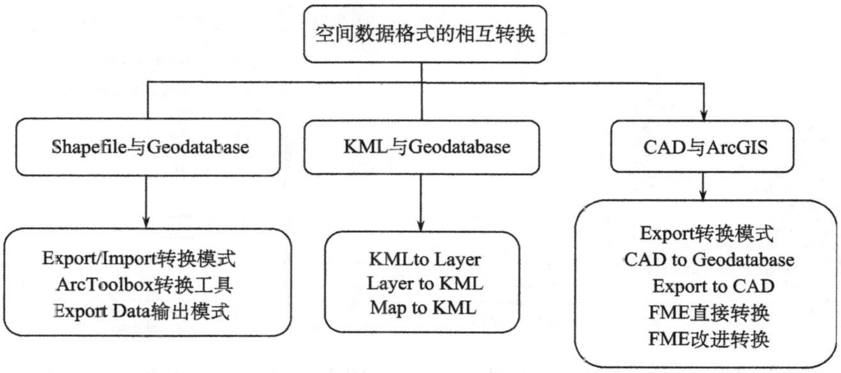

图 2.1　实验流程图

（3）实验数据："实验 02"文件下的相关数据，包括"实验 0201"中的多个 Shapefile 数据、"实验 0202"中的 KML 数据、"实验 0203"中的 DWG 数据。

五、实验步骤

1. Shapefile 与 Geodatabase 的转换

（1）分别在资源管理器和 ArcCatalog 中，浏览"实验 0201"中的 Shapefile 格式的空间数据，了解该种格式空间数据的特点。

（2）在 ArcCatalog 中，先在"实验 0201"文件夹下新建一个地理数据库（File Geodatabase）并命名（City），然后在该数据库中新建一个要素数据集（Feature Dataset）并命名（Transportation）。数据集的坐标系统采用 Import 方式导入"实验 0201"文件夹中"街道"数据的坐标系统。

（3）将 Shapefile 格式转换为 Geodatabase 格式。

方法一：右键点击文件夹中的"地铁线"数据，依次选择【Export】→【To Geodatabase（Single）...】（图 2.2），在打开的对话框中设置输出数据的路径为上一步新建的数据集，并对输出数据命名（New 地铁线），必要时还可设置输出的字段、调整字段顺序（图 2.3）。该转换工具只能对单个数据分别进行转换（文件夹中的其余 3 个数据也可采用相同的方法进行转换）。右键点击文件夹中的"地铁站"数据，依次选择【Export】→【To Geodatabase（multiple）...】，打开多数据转换工具（图 2.4），将"街道""街区"两个数据也拖入该对话框的文件列表中，将输出位置设置为新建的数据集。这种方法可以将多个数据同时进行转换，且输出的数据名称与原数据名称一致。

方法二：右键点击 Geodatabase 中的数据集 Transportation，依次选择【Import】→【Feature Class（single）...】或【Feature Class（multiple）...】，则可采用与以上输出操作类似的方式，单个或批量输入进行格式转换。

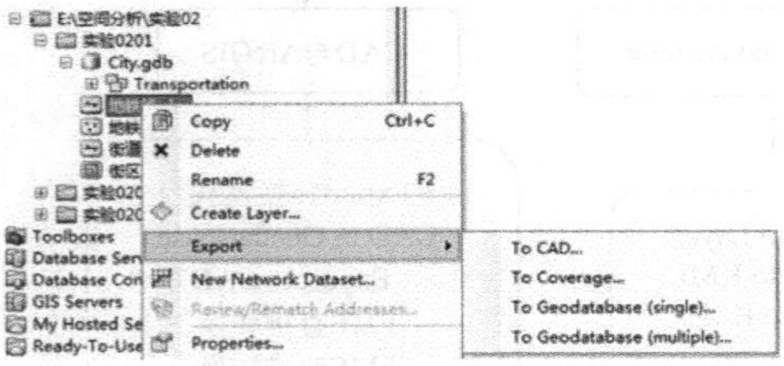

图 2.2　Export 模式转换 Shapefile

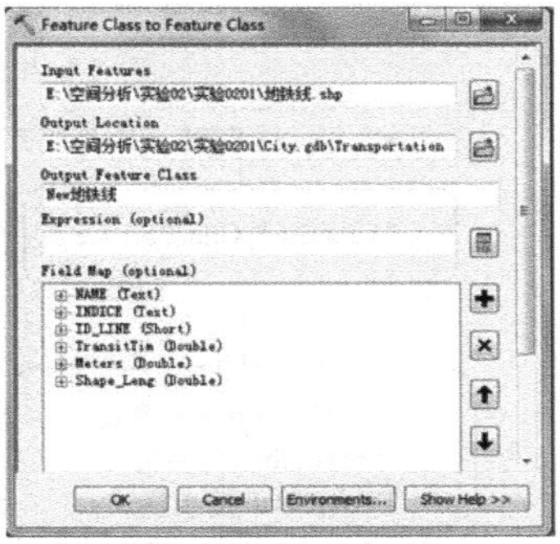

图 2.3　单个 Shapefile 数据转入 Geodatabase

方法三：采用 ArcToolbox 中的转换工具进行格式转换。打开 ArcToolbox，依次选择【Conversion Tools】→【To Geodatabase】→【Feature Class to Feature class】或【Feature Class to Geodatabase（multiple)】(图 2.5)，也可将单个或多个数据从 Shapefile 格式转换成 Geodatabase 格式。

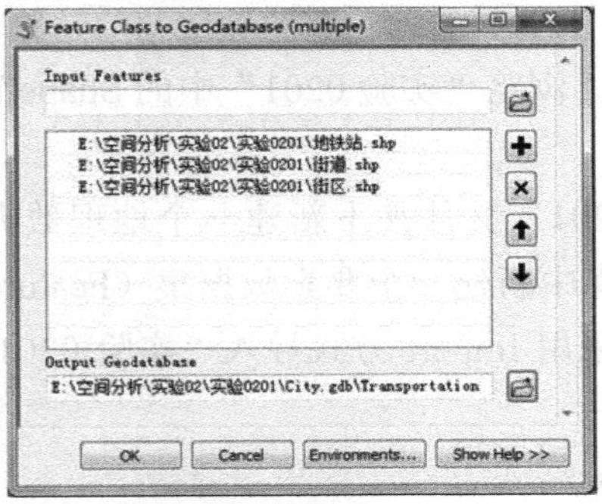

图 2.4　多个 Shapefile 数据转入 Geodatabase

图 2.5　ArcToolbox 中的转换工具

方法四：在 ArcMap 中输出以实现转换。关闭 ArcCatalog，打开 ArcMap，加载“地铁线”等数据，分别右击各图层，选择【Data】→【Export Data...】，将输出数据的位置设为新建的 Geodatabase 中的数据集 Transportation 并为数据重新命名，也可实现单个数据的格式转换。

（4）将 Geodatabase 格式转换为 Shapefile 格式。

方法一：在 ArcCatalog 中，右键点击【Geodatabase】中的【要素数据集】或【要素类】，依次选择【Export】→【To Shapefile（multiple）...】或【To Shapefile（single）...】，将其中的多个或单个数据转换成 Shapefile 格式。

方法二：采用 ArcToolbox 中的转换工具进行格式转换。打开 ArcToolbox，依次选择【Conversion Tools】→【To Shapefile】→【Feature Class to Shapefile（multiple)】，在打开的工具中可将 Geodatabase 中的一个或多个要素类（feature class）数据转换成

Shapefile 格式，以与原数据相同的名称存放于指定的文件夹中。

方法三：启动 ArcMap，加载 Geodatabase 中的任一数据，右键点击该数据，选择【Data】→【Export Data…】，将文件保存类型设置为 Shapefile，确认文件保存路径，即可将 Geodatabase 中的数据逐个转换成 Shapefile 格式。

2. KML 与 Geodatabase 的转换

1）KML 转换为 Geodatabase 文件

启动 ArcMap 或 ArcCatalog，打开 ArcToolbox，依次双击【Conversion Tools】→【From KML】→【KML To Layer】，在打开的对话框中输入“实验 0202”中的 KML 文件（Google 数据.kml），并设置输出数据的位置（文件夹）和名称，点击【OK】实现文件的转换（图 2.6）。在 ArcCatalog 中浏览输出的结果，可以发现，该转换工具将 KML 文件中的数据转换到 Geodatabase 的数据集中，数据符号等方面的信息存储在与 Geodatabase 同名的图层文件（.lyr）中。如有必要，可按照前面的方法将数据从 Geodatabase 中再转出为 Shapefile 格式。

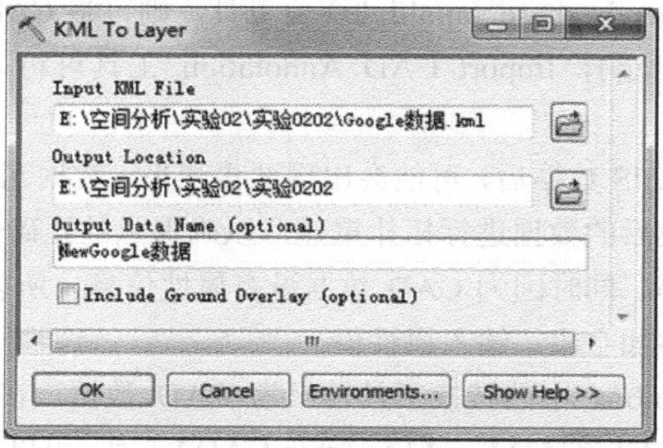

图 2.6　KML 格式转换为 Geodatabase 格式

2）Geodatabase 转换为 KML 文件

打开 ArcToolbox，依次双击【Conversion Tools】→【To KML】→【Layer To KML】或【Map To KML】，即可将某一图层（如上一步生成的图层文件）或 ArcMap 地图文档中的某一数据框内的所有图层，包括它们的几何数据和符号信息，都转换成 KMZ（ZIP 格式压缩的 KML）格式的数据。读者可以将转换后的 KMZ 数据，加入 Google Earth 之中进行浏览。

3. AutoCAD 格式与 ArcGIS 格式的转换

（1）在 AutoCAD 中打开“实验 0203”中的 CAD 文件“城市规划图.dwg”，浏览该数据。

（2）在 ArcCatalog 中浏览该数据，比较其与在 AutoCAD 中时的不同。因为 ArcGIS

支持 AutoCAD 的数据格式，所以可以在 ArcCatalog 或 ArcMap 中直接浏览或使用 AutoCAD 的数据（但不能进行编辑和分析）。

（3）采用 Export 模式转换数据。在 ArcCatalog 中右键点击 AutoCAD 文件，选择【Export】→【To Geodatabase（multiple）...】或【To Shapefile（multiple）...】，将调用工具箱中的 Feature Class to Geodatabase（或 Feature Class）等工具，将 AutoCAD 中的数据输出为 Geodatabase 或 Shapefile 格式。输出为 Geodatabase 时，需要先在“实验 0203”中新建一个 Geodatabase，然后将其设置为输出数据保存的位置；输出为 Shapefile 时，需要指定输出数据存放的文件夹。若 AutoCAD 数据已在 ArcMap 中加载，也可右键点击某一图层，选择【Data】→【Export Data...】，将其输出为 Geodatabase 或 Shapefile 数据。

（4）采用 ArcToolbox 中的转换工具将 CAD 数据转入。在 ArcToolbox 中，依次选择【Conversion Tools】→【To Geodatabase】→【CAD to Geodatabase】工具，以 CAD 数据为输入文件，创建一个新的 Geodatabase 作为输出位置，并命名转出后的数据集名称，点击【OK】后将整个 CAD 数据转出到 Geodatabase 的数据集中（图 2.7）；选择 Feature Class to Feature Class 工具，可将 CAD 数据中某一要素类转换为 Geodatabase 格式数据；选择 Feature Class to Geodatabase（multiple）...工具，则可将 CAD 数据中多个要素类转换到 Geodatabase 中；选择 Import CAD Annotation 工具可将 CAD 中的注记转换到 Geodatabase 中。

CAD 数据转换为 GIS 数据后，可能会出现要素变形、数据冗余等问题，为保证数据的正确性，需要对转换后的数据进行拓扑重建，以确保点的正确性、线要素连接的完整性和面要素的封闭性等。同时因为 CAD 数据没有属性信息，所以在转换为 GIS 数据后常常需要手动为数据添加字段、输入属性值。

（5）采用 ArcToolbox 中的转换工具转出为 CAD 数据。在 ArcToolbox 中，选择【Conversion Tools】→【To CAD】→【Export to CAD】工具，可以将一个或多个 Shapefile 数据或 Geodatabase 的要素类输出到一个 CAD 文件中。读者在输出为 CAD 之前，也可采用 To CAD 工具箱中的 Add CAD Fields 工具，为数据添加实体属性、图层属性等几个保留字段，并在为这些字段输入或计算属性值之后，再采用 Export to CAD 工具进行转换。

（6）采用 FME 直接进行格式转换。FME 是一种第三方格式转换工具，实施本步骤前需要安装 FME 软件，未安装的可以略过本步骤。启动 FME 软件，采用 FME Quick Translator 工具，将“实验 0203”中的 CAD 数据转换为 ArcGIS 的 Geodatabase 或 Shapefile 格式（图 2.8）。

（7）改进 FME 的 CAD 格式转换。前文中在转入 AutoCAD 格式时，存在两个主要问题：一是没有对原始数据的异常情况进行检查和预处理（如图层名称是否规范、面填充是否正确、是否存在 3D 数据、每一个符号是否为一个独立块等）；二是只实现了几何要素的格式转换，没有对属性信息进行有效提取，转换后得到的数据不能很好地满足使用。为解决上述问题，利用 FME 数据转换平台，通过配置各种转换器，实现转换前的数据预处理，如图 2.9 所示。其中，AttributeSplitter 转换器可以根据需要将几何要素的部分属性分离出来；GeometryFilter 转换器可以过滤不必要的几何类型；GeometryValidator 转换器可验证几何要素的有效性；2DForcer 转换器可以将 AutoCAD 中的三维格式数据转换为二维数据。

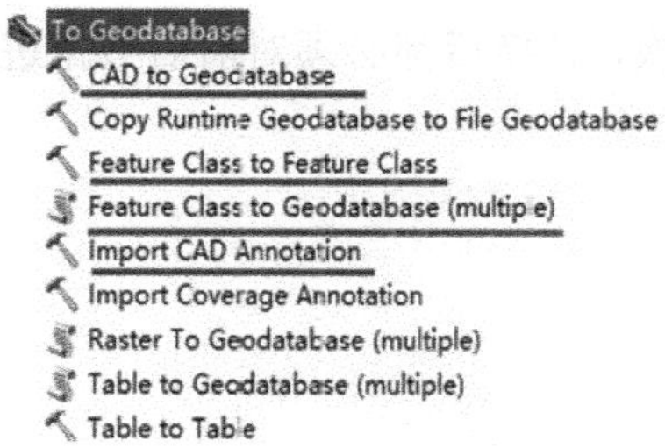

图 2.7　ArcToolbox 中的 To Geodatabase 工具箱

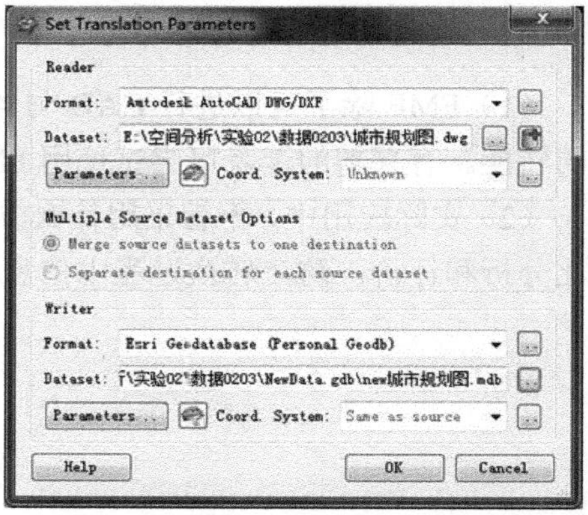

图 2.8　FME Quick Translator 工具

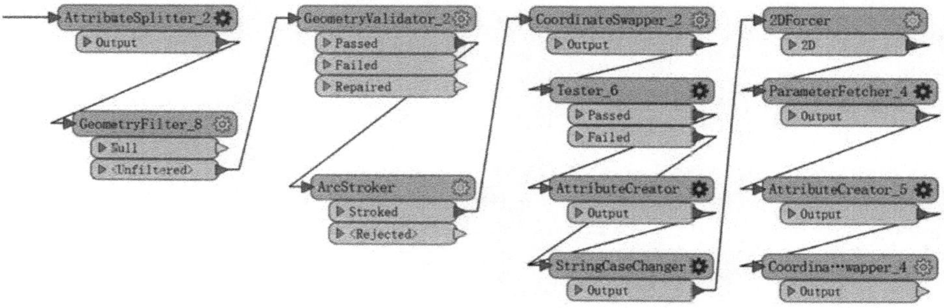

图 2.9　基于 FME 平台的数据转换预处理流程

与此同时，为保证转换后数据属性的完整性，在 FME 模型转换前，需建立从 AutoCAD 数据到 ArcGIS 数据之间的属性对应关系，包括图层、颜色、符号、字体、块参考等。这些属性需要在数据源设置中展现（Exposed）出来。最后，利用 GeometryFilter 转换器，分离出不同类型的几何要素。图 2.10 显示的是面要素的转换过程设置。

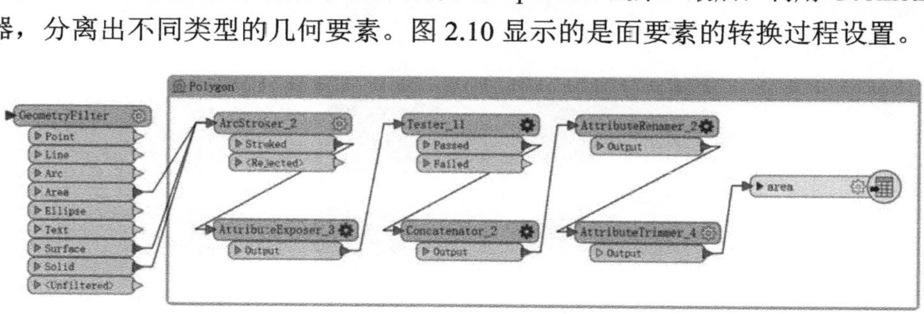

图 2.10　基于 FME 转换模型的面要素转换过程设置

在目标数据端，可以设置需要存储的属性信息，并可对属性字段名进行自定义，从而实现不同几何要素的转换及属性信息的配置。

（8）结果对比分析。从几何类型的变化、几何要素的数量变化、属性信息变化情况等方面，对转换前后的数据进行对比，分析不同转换方法所得结果之间的差异。

六、实验说明

（1）FME 除了可以进行 CAD 与 ArcGIS 数据之间的转换外，还可用于其他格式之间的转换。有兴趣的读者可尝试使用 FME 进行其他不同格式之间的数据转换。

（2）实际应用中，不管采用什么方法进行格式转换，转换后都必须对前后数据进行对比分析和评价，防止转换过程中信息的损失。

实验三　空间量算分析

一、实验目的

了解空间量算在空间分析中的作用，学会将外部表格中的数据输入空间要素的属性表中，掌握质心量算的基本原理，学会多要素共同质心量算的基本操作，能够分析要素质心的移动距离和方向。

二、实验内容

利用 2006~2015 年全国各省 GDP 数据，采用质心模型测算出各年份全国经济质心的空间位置，绘制出经济质心的动态迁移路径图，分析近 10 年来全国经济质心迁移的距离、方向等特征。

三、实验原理与方法

实验原理：质心又称加权平均中心，是指研究区内特定时刻某一特定属性值在空间平面上力矩达到平衡的点，常用于研究区域人口迁移、经济迁移及土地利用格局时空变化等地理要素或现象的变迁。其计算公式为 $X=\sum_{i=1}^{n}W_iX_i\Big/\sum_{i=1}^{n}W_i,\ Y_i=\sum_{i=1}^{n}W_iY_i\Big/\sum_{i=1}^{n}W_i$ 。式中，X 、Y 为共同质心点的坐标；n 为要素的数量；X_i 、Y_i 为第 i 个要素的质心坐标；W_i 为第 i 个要素的权重。

实验方法：①利用 Calculate Geometry 工具计算全国各省的质心。②以省份代码为公共字段，利用 Join 工具将行政区和 2006~2015 年全国各省 GDP 数据表格进行连接，为各省输入各年的 GDP 数据，并将属性表输出至 Excel。③以不同年份各省 GDP 为权重，计算出不同年份各省质心坐标的加权值。④对各年份各省的 GDP 和坐标加权值进行汇总，计算各年份全国的经济质心坐标。⑤根据坐标生成质心点，并绘制质心移动线路。⑥利用 Near 工具计算不同年份之间全国经济质心的移动距离及方向。实验流程如图 3.1 所示。

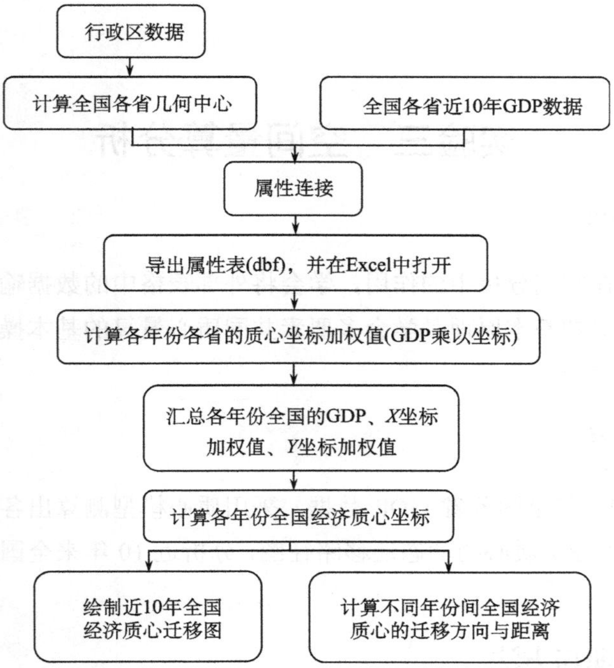

图 3.1　实验流程图

四、实验设备与数据

（1）实验设备：计算机。

（2）主要软件：ArcGIS 10、Excel 等。

（3）实验数据：“实验 03”文件夹下的 2006~2015 年全国各省 GDP 数据表（GDP.xls）、行政区数据（XZQ.shp）、各年份全国经济质心计算表（质心计算表.xls）。

五、实验步骤

1. 加载数据

打开 ArcMap，加载行政区数据（XZQ.shp）和 2006~2015 年全国各省 GDP 数据表（GDP.xls 中的 GDP$表）。

2. 计算全国各省的质心

先打开 XZQ 的属性表，添加两个双精度类型的字段 X、Y，分别用来存放各省质心的坐标。然后右键点击 X 字段标题，点击【Calculate Geometry…】，打开几何计算工具对话框，在属性（Property）下拉框中选择质心 X 坐标（X Coordinate of Centroid），在单位（Units）下拉框中选择“Meters[m]”，点击【OK】计算出各省份质心的 X 坐标（图 3.2）。采用相同的方法可以计算出各省份质心的 Y 坐标。

3. 输入 GDP 数据

以省份代码为公共字段，采用 Join 方法将全国各省近年的 GDP 数据连接到 XZQ 属性表中。具体过程是，右键点击 XZQ 图层，选择【Joins and Relates】→【Join…】，打开 Join Data 对话框，先选择“DM”作为连接字段，其次选择待连接的表格“GDP$”，然后选择该表格中用来连接的字段“省份代码”，最后点击【OK】连接属性表（图 3.3）。

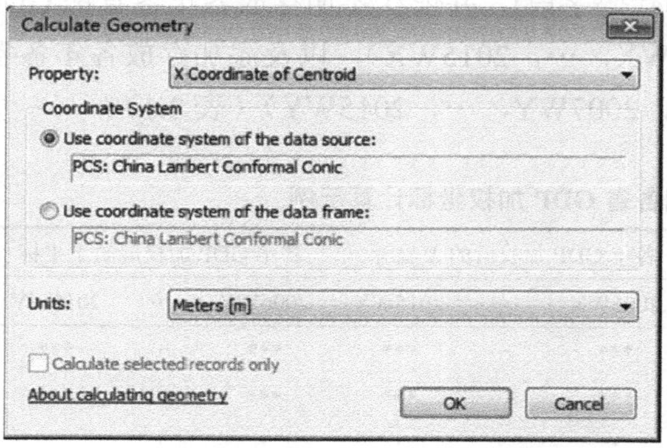

图 3.2　质心坐标计算

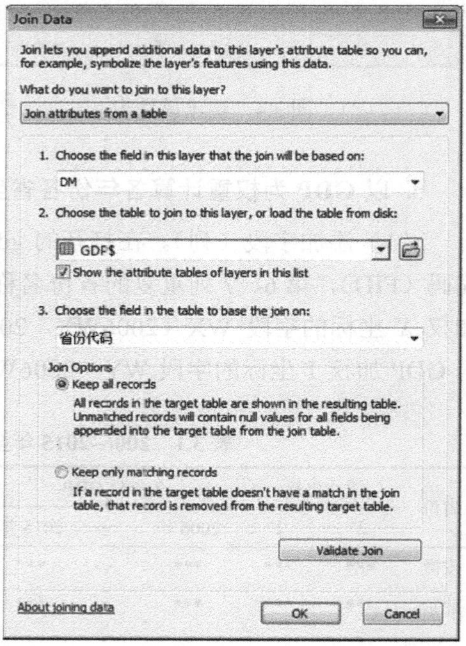

图 3.3　连接 GDP 数据

4. 导出属性表，并在 Excel 中打开

先打开连接属性后的 XZQ 属性表；然后点击该表左上角的 Table Options 按钮，在弹出的下拉菜单中选择【Export…】，打开 Export Data 对话框，设置导出数据的路径和名称，保存类型选择 dBASE Table（图 3.4，命名为 gdpxy.dbf）；最后在 Excel 中打开刚刚输出的 gdpxy.dbf 数据（图 3.5）。以下两个问题需要注意：①要先在打开文件的对话框右下角的文件类型下拉框中，选择“所有文件”类型，才会显示出上一步输出的表格；②如果在 Excel 中打开 dbf 文件时中文部分出现乱码，则在输出属性表时可将其保存为文本文件（Text File），然后在 Excel 中打开。打开时选择逗号作为分隔符号。

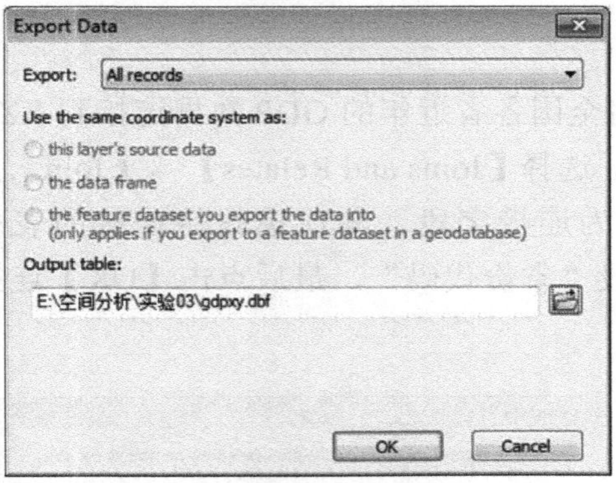

图 3.4　输出属性表

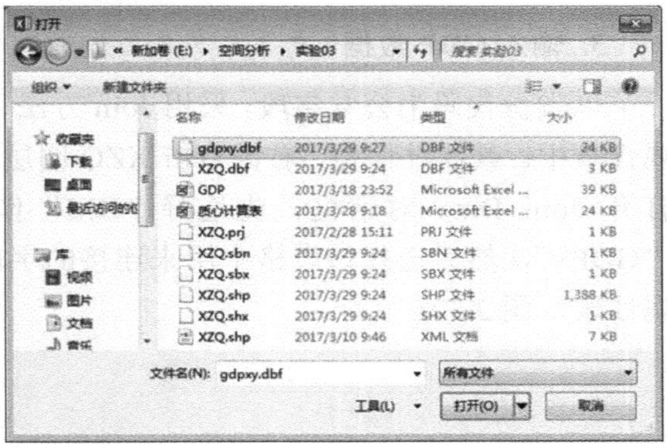

图 3.5　在 Excel 中打开表格

5. 以 GDP 为权重计算各年份各省坐标的加权值

（1）添加字段（列）。在打开的 gdpxy.dbf 中删除不必要的字段[如第 1 列中的要素编码（FID），第 6、7 列重复的省份名称和代码字段]，并依次添加存放各年各省份 GDP 加权 X 坐标的字段 WX（2006WX，2007WX，…，2015WX），以及添加存放各年各省份 GDP 加权 Y 坐标的字段 WY（2006WY，2007WY，…，2015WY）（表 3.1）。

表 3.1　2006~2015 年全国各省 GDP 加权坐标计算示例

省份	质心坐标		各年份 GDP			各年 GDP 加权后的 X 坐标			各年 GDP 加权后的 Y 坐标		
	X	Y	2006 年	…	2015 年	2006WX	…	2015WX	2006WY	…	2015WY
安徽	***	***	***	…	***	***	…	***	***	…	***
北京	***	***	***	…	***	***	…	***	***	…	***
⋮	⋮	⋮	⋮	⋮	⋮	⋮	⋮	⋮	⋮	⋮	⋮
小计	—	—	***	…	***	***	…	***	***	…	***

（2）分别计算坐标加权值。将每个年份的 GDP 与 X（Y）分别相乘，即可得到相应的加权值。先在表头下第一行（安徽省所在行，即表 3.1 中的第三行）对应 2006WX 下方的空白单元格中输入公式“=$C2*E2”，回车后即可计算出安徽省 2006 年 X 坐标的 GDP 加权值。上式中，C2 表示安徽省的 X 坐标所在的单元格，E2 表示 2006 年安徽省的 GDP 所在的单元格（因读者删除的字段与本处的不一样，可能单元格名称也不一致）。然后点击刚才计算的单元格，按住其右下角向右拖动直到 2015WX 列，从而计算出本行所有的 X 坐标加权值 WX。用同样的方法可以计算出所有的 Y 坐标加权值 WY。最后，选中第二行所有从 2006WX 到 2015WX，从 2006WY 到 2015WY 的单元格，按住其最右下角向下拖动至最后一行，从而将所有年份的 WX 和 WY 计算出来（表 3.1）。

6. 计算各年份全国质心坐标

（1）汇总各年份全国的GDP、WX、WY。先选中“2006年”列的最下方空白单元格，点击工具条上的自动求和按钮Σ自动求和·，显示“=SUM（E2:E35）”后回车，求出2006年的GDP总量。然后向右拉动其右下角直到最右侧的2015WY列，计算出所有年份的GDP、WX、WY总量（表3.1）。

（2）复制数据。先在Excel中打开质心计算表.XCS，然后在gdpxy.dbf中分三次分别选中并复制以上汇总的10年的GDP、WX、WY三类数据（表3.1最后一行的后三个部分），采用选择性粘贴方式（粘贴参数中，选择数值、转置），粘贴到质心计算表的相应位置（SumW、SumWX、SumWY）（表3.2）。

（3）计算各年份经济质心。在质心计算表中，将SumWX和SumWY两列坐标加权汇总数据分别除以权重加权汇总值SumW（即GDP总和），结果存入CenterX和CenterY两列，这两列的值即为全国各年经济质心的*X*、*Y*坐标（表3.2）。

（4）保存并关闭质心计算表；将gdpxy.dbf另存为Excel文件。

表3.2　2006~2015年全国各省GDP质心计算

年份	SumW	SumWX	SumWY	CenterX	CenterY
2006	***	***	***	***	***
2007	***	***	***	***	***
⋮	⋮	⋮	⋮	⋮	⋮
2015	***	***	***	***	***

7. 绘制质心图

（1）质心上图。先在ArcMap中加载质心计算表，然后点击菜单【File】→【Add Data】→【Add XY Data...】，在打开的对话框中选择质心计算表，并指定*X*、*Y*字段分别为CenterX、CenterY，坐标系统保持默认，连续两次点击【OK】后，生成质心点事件（Events）图层（图3.6）。

（2）将质心事件图层转换为Shapefile格式。在内容表中，右键点击上一步生成的事件图层，在弹出的菜单中点击【Data】→【Export Data...】，设置数据输出的路径及名称（Center.shp），点击【OK】将其转换成Shapefile格式的质心点数据（图3.7）。

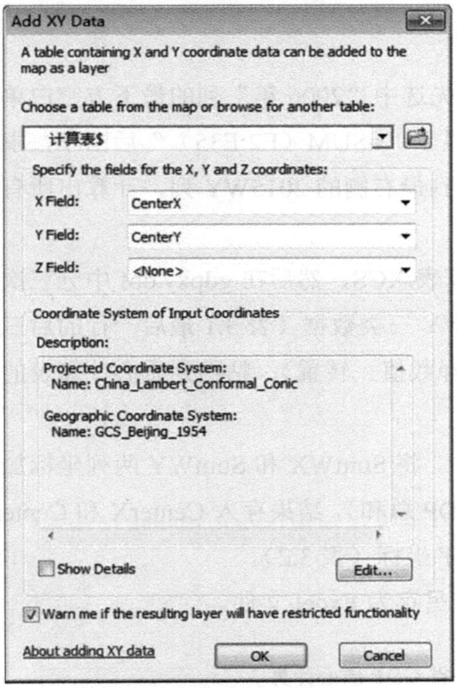

图 3.6　添加质心 *X*、*Y* 坐标到地图中

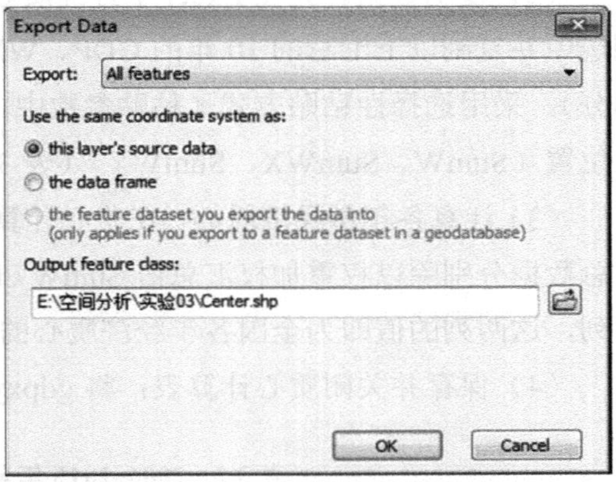

图 3.7　将质心导出为 Shapefile 文件

（3）为质心点设置标签。为便于明确各个质心点的年份，将属性表中的年份作为标签字段进行标注。右键点击上一步生成的质心图层，选择【Properties…】，打开图层属性对话框，选择标签（Labels）选项，勾选左上角的复选框，并选择年份作为标注字段，点击【确定】，从而对质心进行年份标注（图 3.8）。在地图中拉框放大质心点，观察质心的年际变化。

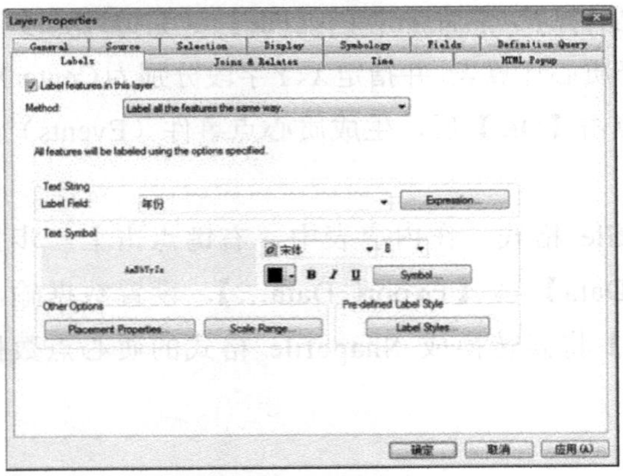

图 3.8　质心年份标注

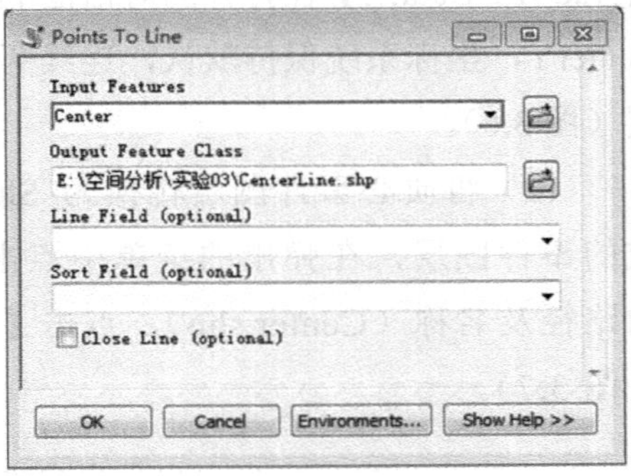

图 3.9　生成质心移动路线

（4）生成质心移动路线。利用点转线工具（【ArcToolbox】→【Data Management Tools】→【Features】→【Points To Line】）（图 3.9）将质心点数据（Center.shp）转换为线数据（CenterLine.shp），生成一条 2006~2015 年全国经济质心迁移路线（图 3.10），并分析 10 年间全国经济质心的移动过程。

8. 计算质心迁移的距离和方向

通过质心之间的距离计算，可以定量地分析不同年份间质心移动的距离、方向和速度。以计算 2006~2015 年全国经济质心迁移情况为例，首先在 Center 图层中，选中 2006 年的质心点；其次将其输出为一个独立文件（Center2006.shp）；再次以同样的方式输出 2015 年质心点（Center2015.shp）；最后利用 Near 工具（【ArcToolbox】→【Analysis Tools】→【Proximity】→【Near】）计算 2006~2015 年全国经济质心迁移的距离和方向（图 3.11），计算结果将默认保存在“Input Features”，即 Center2006.shp 的属性表中（图 3.12）。浏览该表，可以看到 10 年间经济质心移动的距离（NEAR_DIST）和方向（NEAR_ANGLE）。采用相同的方法可以计算其他年份间的质心移动。

在 ArcGIS 的某些版本中，采用 Shapefile 格式进行 Near 计算时无法得到距离和方向数据，此时可将上面的数据（如 Center2006、Center2015）保存到 Geodatabase 中再进行计算。

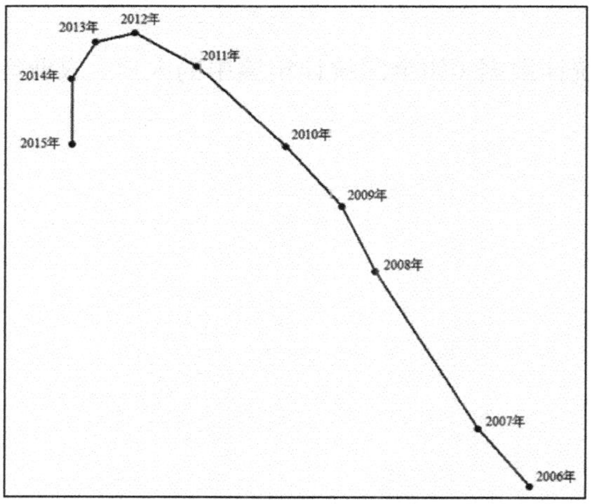

图 3.10　2006~2015 年全国经济质心迁移图

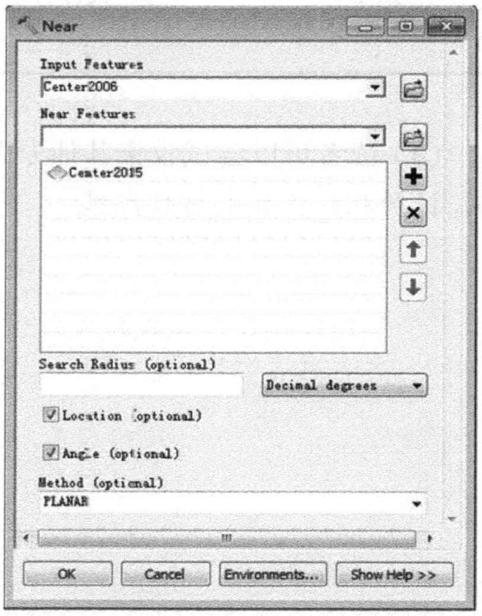

图 3.11　计算质心间的距离和方向

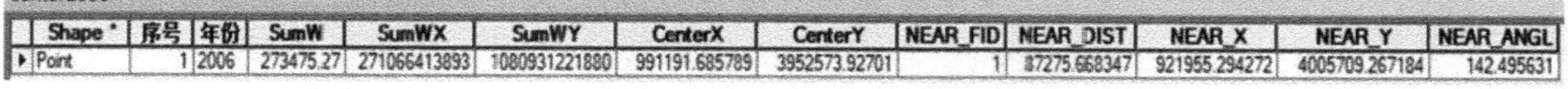

center2006

	Shape *	序号	年份	SumW	SumWX	SumWY	CenterX	CenterY	NEAR_FID	NEAR_DIST	NEAR_X	NEAR_Y	NEAR_ANGL
▸	Point	1	2006	273475.27	271066413893	1080931221880	991191.685789	3952573.92701	1	87275.668347	921955.294272	4005709.267184	142.495631

图 3.12　质心之间的移动距离和方向

六、实验说明

（1）从图 3.10 中可以看到，2006~2015 年全国经济质心的变化体现出两个明显不同的阶段，即 2006~2012 年整体持续向西北方向移动，2012~2015 年质心持续向西南方向移动。读者可以结合中国经济发展的情况，分析造成这种移动方向变化的原因。

（2）在计算各省份的质心时，可以以十进制度（Decimal Degrees）为单位，方便理解质心的地理位置，但这种以度为单位的坐标，在质心上图时需要设置坐标系统为“地理坐标系统”，同时不利于计算质心点间的移动距离和方向。

（3）表 3.3 列出了不同年份间全国经济质心移动的距离和方向，可供读者参考。对某年的点采用 Near 工具第二次计算与其他点间的距离和方向时，建议先删除属性表中留下的上一次计算的数据（最后 5 列）再进行计算。

表 3.3　不同年份间全国经济质心移动情况统计表

起始年份	截止年份	移动距离/km	移动方向
2006	2015	87.28	142.50
2006	2012	93.20	129.80
2012	2015	20.80	−117.41
⋮	⋮	⋮	⋮

（4）读者可以尝试收集其他专题的统计数据（如全国统计年鉴中的人口、农业等数据），计算相应的质心变化路线。

实验四　空间统计分析

一、实验目的

了解空间统计分析的基本原理，掌握空间统计分析的常用方法，能够熟练运用 GIS 技术解决实际应用中的统计问题。

二、实验内容

根据某地土地利用数据和 DEM 数据，综合运用频数统计（Frequency）、属性连接（Join）、属性提取（Select）、坡度分析（Slope）、分区统计（Zonal Statistics）等方法，提取各村组耕地面积比例，并将其与村组平均坡度进行相关性分析，最后计算各村组的景观多样性指数。

三、实验原理与方法

实验原理：矢量数据的空间统计方法可以用于分析目标对象的空间分布特征、空间模式及空间关系。本实验利用空间统计工具统计出各村组的地类面积比例及平均坡度，并进行相关性分析和景观格局分析。其中，相关性分析可通过散点图和相关系数进行度量：散点图能反映变量间相关关系的方向、形式和密切程度，相关系数可以确切地反映相关关系的方向和密切程度。Pearson 相关系数的取值范围为[–1，1]，相关系数的绝对值越大（越接近于 1 或–1），相关性越强；相关系数越接近于 0，相关性越弱。景观多样性指数是反映一个区域内不同景观类型分布的均匀化和复杂化程度的指标。当景观由单一要素构成时，景观是均质的，其多样性指数为 0；当景观由两个以上的要素构成时，各景观类型所占比例相等，则景观的多样性最高；各景观类型所占比例差异增大，则景观的多样性下降。

实验方法：①利用频数统计工具统计各村组单元中的各种地类面积。②通过公共字段，将村组单元的面积属性连接到地类面积统计表中。③添加面积比例字段，并计算各地类在村组单元中的面积比例。④利用属性选择工具将统计表中的耕地比例数据输出为独立的统计表。⑤利用 DEM 生成坡度并采用分区统计工具统计各村组单元的平均坡度。⑥将两组数据制成散点图，并计算其 Pearson 相关系数。⑦利用各地类在村组单元中的面积比例计算各村组的景观多样性指数并制作专题地图。实验流程如图 4.1 所示。

四、实验设备与数据

（1）实验设备：计算机。

（2）主要软件：ArcGIS 10、Excel 等。

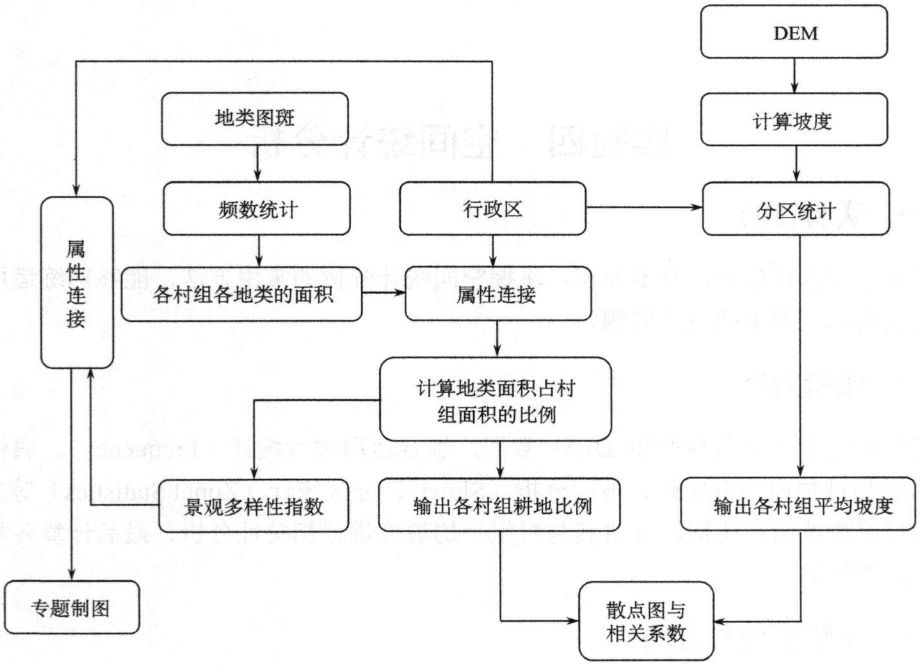

图 4.1　实验流程图

（3）实验数据："实验 04"文件夹下的地类图斑（DLTB）、行政区（XZQ）、高程（DEM）等数据。

五、实验步骤

1. 设置分析环境

（1）在 ArcCatalog 中，右键点击实验 04 文件夹，在弹出的菜单中选择【New】→【File Geodatabase】，新建一个 File Geodatabase，命名为"实验结果"，用于存放本实验的过程数据和结果数据。

（2）打开 ArcMap，加载实验数据中的地类图斑（DLTB）和行政区（XZQ），浏览数据并打开属性表，了解属性表中的各项属性数据。

（3）打开 ArcToolbox，右键点击工具箱顶部的【ArcToolbox】，选择【Environments…】，打开环境设置（Environment Settings）对话框，在 Workspace 选项卡中设置临时工作空间（Scratch Workspace）为"实验 04\实验结果.gdb"；在 Processing Extent 选项卡中设置分析范围（Extent）为"Same as Layer XZQ"；在 Raster Analysis 选项卡中设置分析掩膜（Mask）为"XZQ"。

（4）在 ArcMap 的菜单上，依次点击【Customize】→【Extensions…】，勾选"Spatial Analyst"，激活 Spatial Analyst 扩展模块。

2. 统计各村组各类土地的面积

点击【ArcToolbox】→【Analysis Tools】→【Statistics】→【Frequency】，打开频数统计工具，在输入表格下拉框中选择“DLTB”，在输出表格文本框中设置输出表格的名称（DLTB_Frequency），在频数字段（Frequency Fields）选择地类名称（DLMC）和村组编号（Team）两个字段，在汇总字段（Summary Fields）中选择图斑面积（Shape_Area），点击【OK】得到各村组各地类的面积统计表（图 4.2）。浏览新生成的表格。

3. 连接属性表并计算面积比例

在内容表中右键点击上一步生成的表格，选择【Joins and Relates】→【Join…】，打开属性连接对话框，通过“Team”这一公共字段将“XZQ”的属性表连接过来（图 4.3）。打开“DLTB_Frequency”的属性表，浏览连接过来的行政区数据，并在表上新添加一个双精度型（Double）字段“area_rate”，然后右键点击该字段名并打开字段计算器（Field Calculator…），在字段计算器中输入（[DLTB.Frequency.Shape_Area] / [XZQ.Shape_Area]）*100，计算各地类面积占村组面积的百分比（%）。

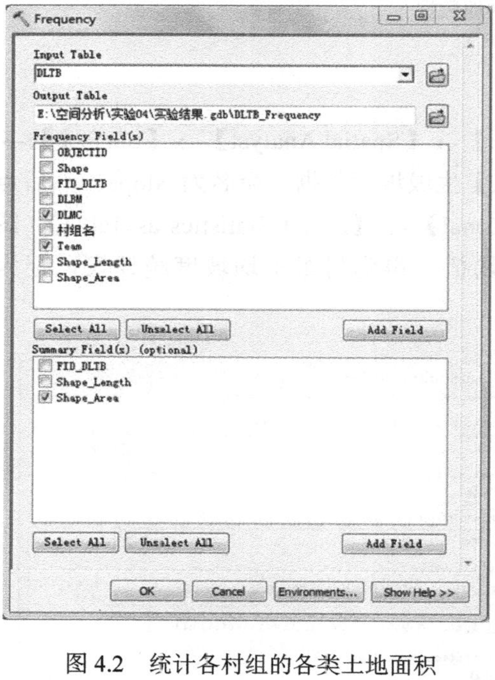

图 4.2　统计各村组的各类土地面积

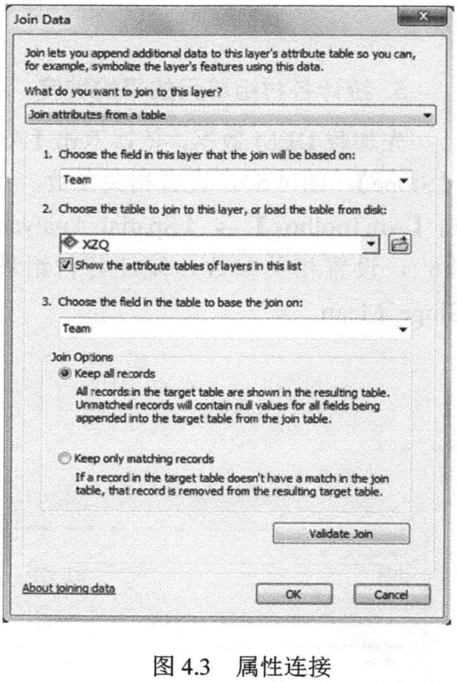

图 4.3　属性连接

4. 提取耕地比例数据

在上一步的表格中，点击左上角的表格选项（【Table options】），选择【Select by Attributes…】，通过属性表中的地类名称提取耕地部分的数据，并输出为独立的数据表，记为 gengdi_rate（图 4.4）。输出之后，在表格选项中取消对耕地的选择。

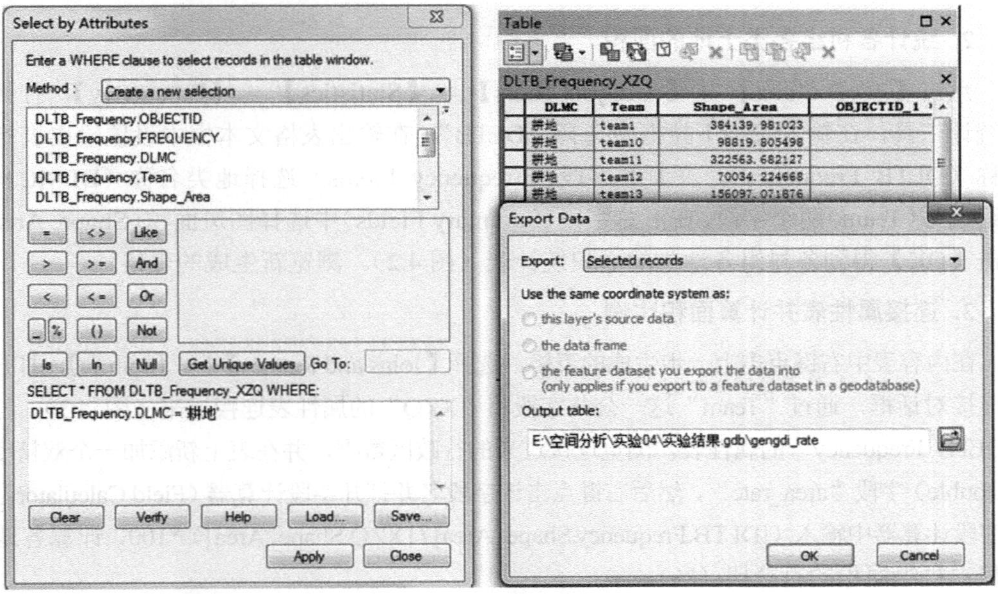

图 4.4　提取耕地数据

5. 统计各村组单元的平均坡度

先加载 DEM 数据，依次双击【ArcToolbox】→【Spatial Analyst】→【Surface】→【Slope】(图 4.5)，设置相关参数，点击【OK】生成坡度数据，命名为 Slope。然后点击【ArcToolbox】→【Spatial Analyst】→【Zonal】→【Zonal Statistics as Table】(图 4.6)，设置相关参数，统计各村组坡度的平均值，得到村组平均坡度统计表，记为 Slope_Mean。

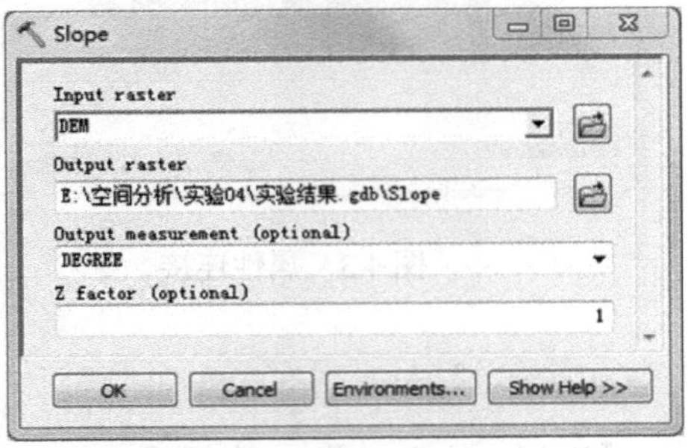

图 4.5　坡度计算

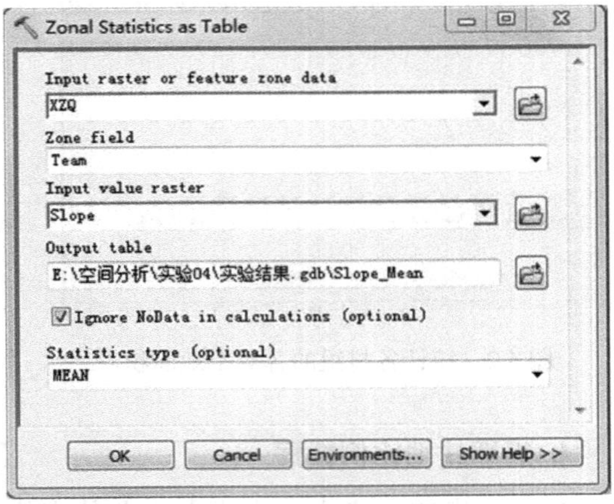

图 4.6　分区统计各村组的平均坡度

6. 将村组平均坡度统计表（Slope_Mean）连接到第 4 步生成的耕地比例统计表（gengdi_rate）

在内容表中右键点击 gengdi_rate 表，选择【Joins and Relates】→【Join…】，打开属性连接对话框，通过公共字段进行属性连接。公共字段采用“Team”，连接的表格选择“Slope_Mean”，点击【OK】，完成属性连接（图 4.7）。

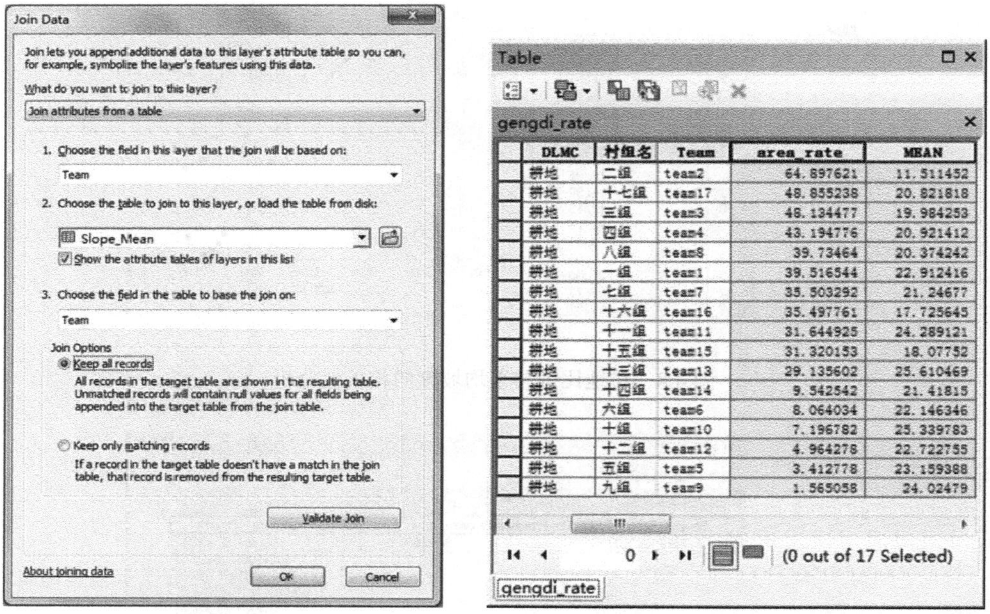

图 4.7　属性连接

7. 耕地比例与平均坡度的相关性分析

将 gengdi_rate 输出为 dbf 文件，命名为 correlation，然后用 Excel 打开，删除冗余信息，只保留 area_rate 和 MEAN 两列数据，并以这两列数据制作散点图，观察耕地比例与平均坡度的关系（图 4.8）。读者也可以使用这些数据在 SPSS 软件中进行相关分析和回归分析。

8. 计算各村组单元的景观多样性指数，并制图

景观多样性指数的计算公式为

$$H = -\sum_{i=1}^{n} p_i \ln p_i$$

（1）打开 DLTB_Frequency 统计表，先添加一个双精度型（Double）字段“_PiLnPi”，然后右键点击该字段名并打开字段计算器（Field Calculator…），在字段计算器中输入 -([DLTB_Frequency.area_rate] / 100) * Log ([DLTB_Frequency.area_rate] / 100)，点击

【OK】，计算各个图斑的 $-p_i*\ln p_i$ 值（图 4.9）。需要注意的是，字段计算器中 VB 脚本下的函数 Log()为自然对数。

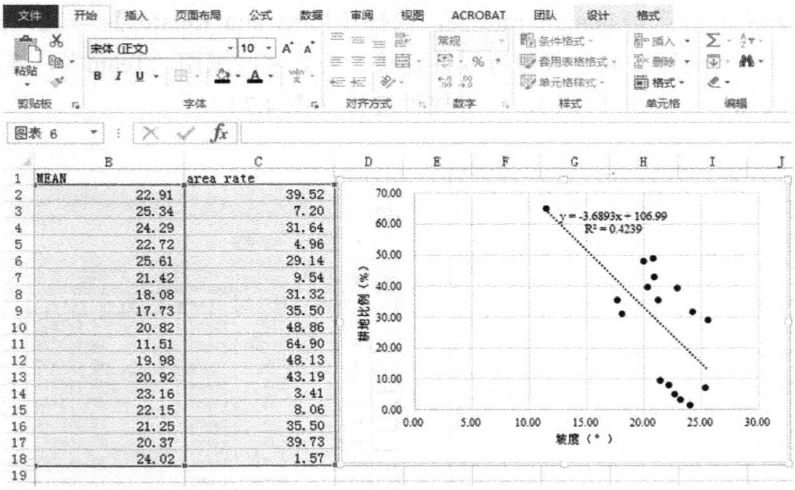

图 4.8　耕地比例与平均坡度的相关性分析

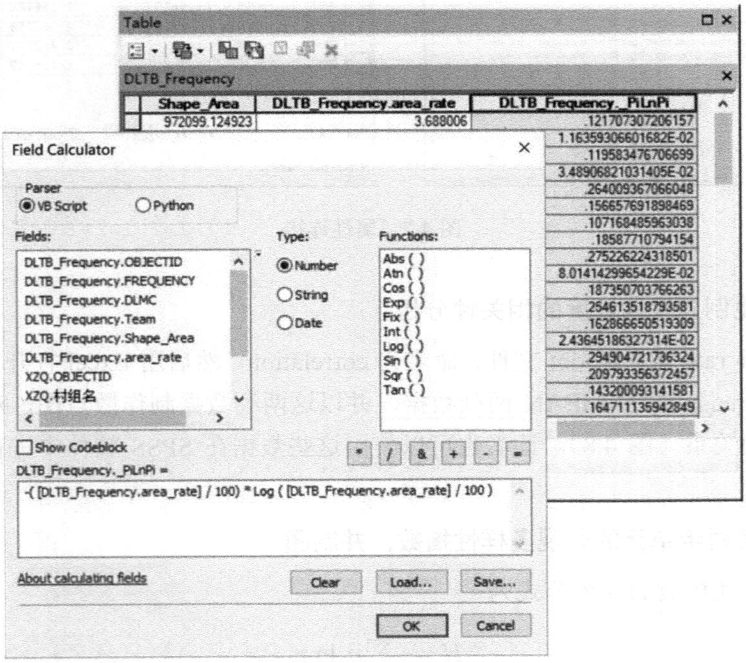

图 4.9　字段计算器

（2）在 ArcToolbox 中，依次双击【Analysis Tools】→【Statistics】→【Frequency】，打开频数统计工具，如图 4.10 所示，将 Input Table 设置为“DLTB_Frequency”，输出表格

命名为 SHDI，频数字段（Frequency Field(s)）选择“XZQ.Team”，汇总字段（Summary Field(s)）选择上一步计算得到的“DLTB_Frequency._PiLnPi”，点击【OK】，得到各村组的景观多样性指数统计表。

（3）将景观多样性指数连接到村组单元并制作专题地图。右键点击内容表中的“XZQ”图层，选择【Joins and Relates】→【Join…】，打开属性连接对话框，通过公共字段进行属性连接。公共字段采用“Team”，连接的表格选择上一步生成的多样性指数表“SHDI”，点击【OK】，完成属性连接。然后在图层属性的符号化（Symbology）标签中，根据多样性指数进行分级显示，得到该区域多样性指数分布专题地图（图 4.11）。

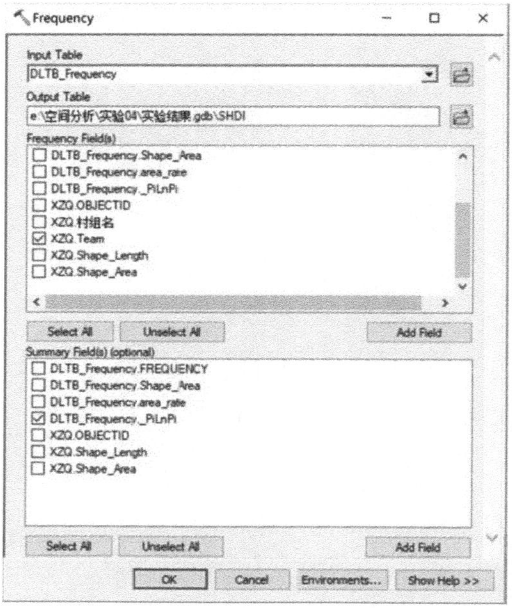

图 4.10　计算景观多样性指数

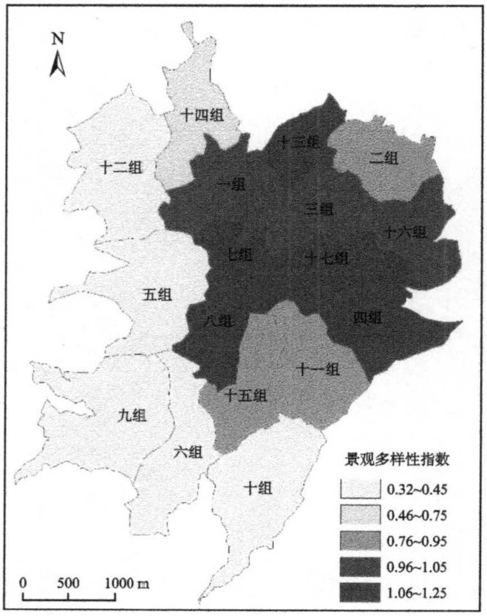

图 4.11　景观多样性指数分布图

六、实验说明

（1）如果地类图斑和行政区数据未存放在 Geodatabase 中，则需要打开其属性表手动添加一个面积字段，并采用计算几何（Calculate Geometry）的方式计算面积属性。

（2）在进行各村组的地类面积统计中，除了可以使用 Frequency 外，还可使用多元统计工具（Summary Statistics）。在该工具中选择面积作为统计字段（Statistics Field），统计类型（Statistic Type）选择 SUM，标识字段（Case field）选择地类名称（DLMC）和村组名，得到的结果将与实验步骤 2 保持一致。

（3）相关系数的显著性检验通常用 sig 值表示。sig 值通常用 $P>0.05$ 表示差异性不显著；$0.01<P<0.05$ 表示差异性显著；$P<0.01$ 表示差异性极显著。

（4）有兴趣的读者还可以参考第 4~7 步，分析其他地类面积比例与坡度之间的相关关系。

（5）本实验是在 ArcGIS 10.4 版本的基础上完成的。采用其他版本的 ArcGIS 来运行本实验时，可能出现错误报告，读者可从以下几个方面查找原因：保存数据的路径是否在 Geodatabase 中、文件名是否符合要求、字段名是否是英文、栅格数据是否需要扩展名等。

（6）输出的 dbf 文件在 Excel 中打开时若出现乱码，可将其输出为文本文件（.txt），然后在 Excel 中打开时设置逗号为分隔符即可正常使用。

实验五　缓冲区分析与叠加分析

一、实验目的

了解缓冲区分析和叠加分析的基本原理，掌握缓冲区分析、叠加分析、统计分析等矢量数据的空间分析方法。

二、实验内容

某地拟建设一些农村生活垃圾填埋场，目前已根据其规模确定了它们的污染影响距离，现需要通过缓冲区分析、叠加分析、统计分析等方法，确定受其影响的各村各类土地的面积，从而为该项目的环境影响评估提供数据支持。

三、实验原理与方法

实验原理：缓冲区分析可确定不同地理要素的空间邻近性或接近程度，以识别要素对邻近对象的影响范围或影响程度，从而为某项分析或决策提供依据。叠加分析可以提取空间隐含的信息，它是将同一区域的两个或多个空间要素图层进行逻辑交、差、并等拓扑运算，生成一个具有多重属性的新图层的过程。新图层不仅继承了输入图层的全部属性，还产生了新的空间关系。频数统计可以在分类统计要素出现次数的同时进行数据的分类汇总。

实验方法：首先根据垃圾填埋场污染距离字段建立缓冲区，确定其影响范围；其次将它分别与土地利用数据、行政区划数据进行叠加；最后通过统计确定垃圾填埋场污染影响范围内各村各类土地的面积。实验流程如图 5.1 所示。

四、实验设备与数据

（1）仪器设备：计算机。

（2）主要软件：ArcGIS 10、Excel 等。

（3）数据准备："实验 05"文件夹下的相关数据，包括垃圾填埋场数据（waste.shp）、土地利用数据（landuse.shp）、分村行政区数据（village.shp）、结果统计表（统计表.xls）。

五、实验步骤

1. 打开结果统计表（统计表.xls）

浏览表格，了解需要完成的任务（完成该表中的各村各类土地的面积统计）。

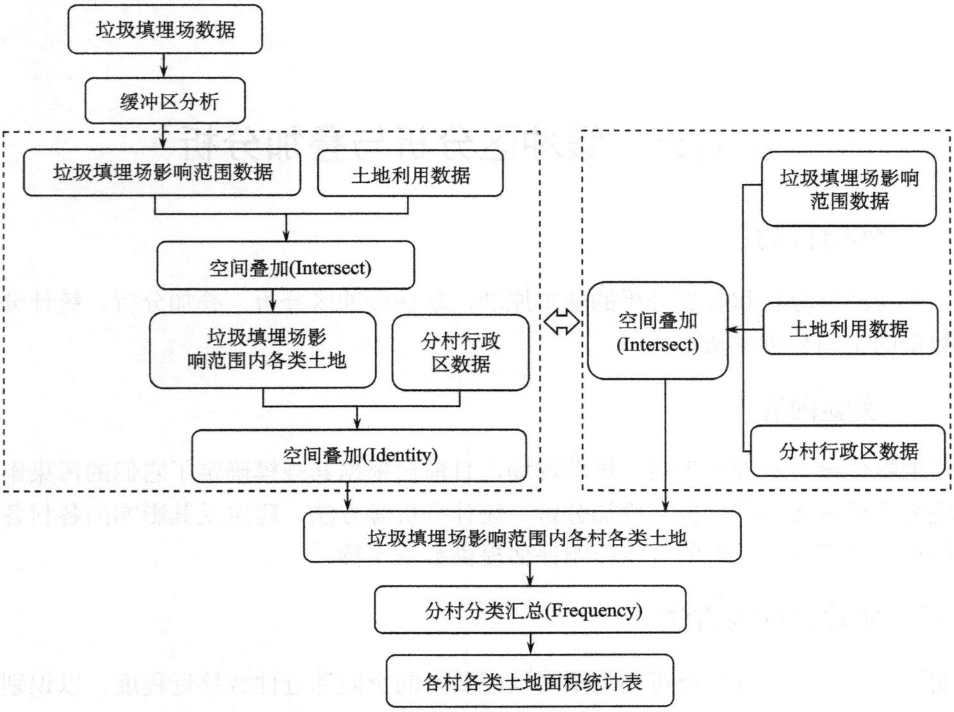

图 5.1　实验流程图

2. 设置分析环境

在 ArcMap 中，打开 ArcToolbox，右键点击工具箱顶部的【ArcToolbox】，在弹出的菜单中选择【Environments…】，打开环境设置（Environment Settings）对话框，点击 Workspace 选项卡，将“实验 05”文件夹设置为临时工作空间（Scratch Workspace）。

3. 加载数据

在 ArcMap 中，加载垃圾填埋场数据 waste.shp、土地利用数据（landuse.shp）、分村行政区划数据（village.shp）。

4. 生成垃圾填埋场的缓冲区

在 ArcToolbox 中，依次双击【Analysis Tools】→【Proximity】→【Buffer】工具，打开缓冲区工具，先选择填埋场“waste”作为输入要素，输出可采用默认路径和名称；再选择“Field”，并在其下拉框中选择 Distance 字段作为缓冲距离；然后在 Dissolve Type 下拉框中选择“All”;，最后点击【OK】，建立缓冲区，生成垃圾填埋场影响范围数据（图 5.2）。

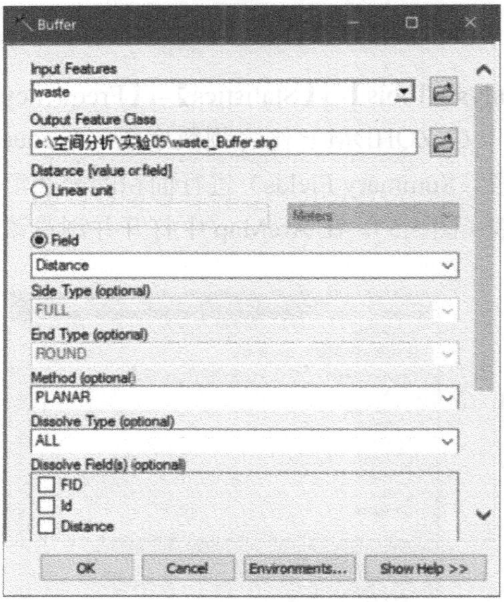

图 5.2 建立垃圾填埋场缓冲区

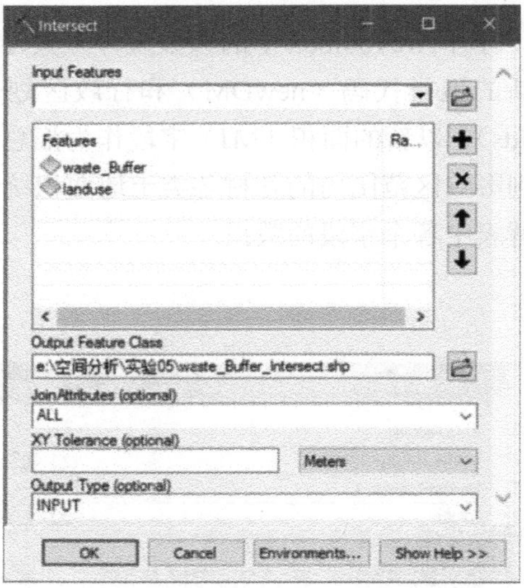

图 5.3 Intersect 叠加确定受影响的土地

5. 确定垃圾填埋场污染影响范围内的土地

将生成的缓冲区数据与土地利用数据（landuse.shp）进行叠加（【ArcToolbox】→【Analysis Tools】→【Overlay】→【Intersect】），生成受垃圾填埋场影响的土地数据（图 5.3）。

6. 确定土地所属的行政区（村）

将上一步生成的受影响的土地数据与分村行政区数据（village.shp）进行叠加（【ArcToolbox】→【Analysis Tools】→【Overlay】→【Identity】），为多边形获取行政区信息（图 5.4）。

7. 面积计算

右键点击上一步叠加后生成的图层，打开属性表，在其中添加一个双精度型的字段“MJ”，右键点击该字段标题，选择【Calculate Geometry…】，打开几何计算对话框，在其属性（Property）下拉框中选择面积（area），点击【OK】，计算经叠加切割后新生成的多边形的面积。

8. 地类代码的整理

分析上表中的地类名称（DLMC）和代码（DLDM），可以发现其与结果统计表中的地类名称和代码不一致。结果统计表中需要统计土地各大类的面积，代码为原始代码的前两位，因此需要将属性表中的土地类型代码转换为大类代码。具体操作方法是：打开上一步的属性表，添加一个文本型、长度为 10 的字段“newDM”，右键点击该字段标题，选择字段计算器（Field Calculator…），在字段计算器下方的文本框中输入“left（[DLDM],2）”，点击【OK】，即可生成新的地类代码（大类代码）。

9. 面积统计

打开 ArcToolbox 中的频数统计工具(【Analysis Tools】→【Statistics】→【Frequency】)，以新的地类代码（newDM）和行政区划代码（XZQHDM）作为频数字段（Frequency Fields）、以新的面积（MJ）字段作为汇总字段（Summary Fields）进行面积的分类汇总，得到影响区范围内的各村各类土地面积统计表（图 5.5）。在 ArcMap 中打开并浏览该表，理解表中各个字段的数据。

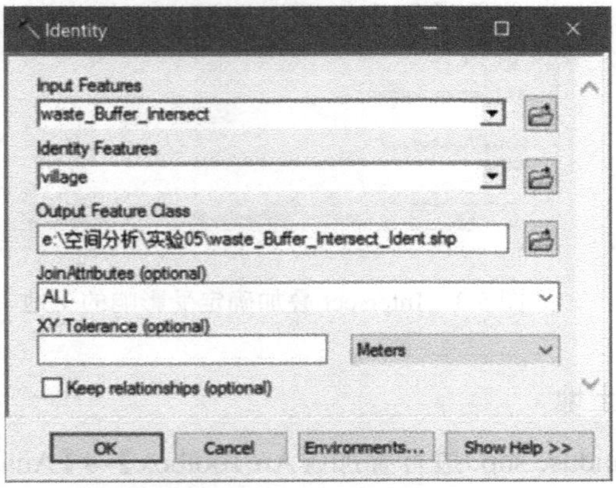

图 5.4　Identity 叠加获取行政区信息

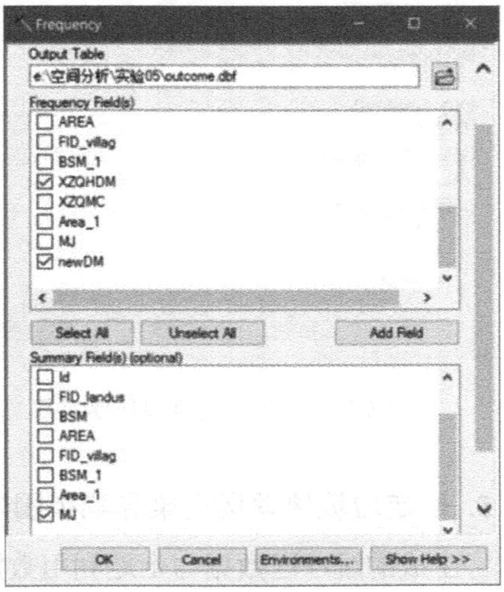

图 5.5　面积的分村分类汇总

10. 完成面积统计表

在 Excel 中打开上一步生成的表格（打开类型选择“所有文件”），将面积进行单位换算（从 m^2 换算成 hm^2），并按行政区划代码和地类代码对数据进行排序，分村将其中的数据复制粘贴（选择性粘贴→数值）到结果统计表中（注意有些村的部分地类缺失），即可得到最终的统计结果（表 5.1）。

表 5.1　垃圾填埋场影响范围内各村各类土地面积统计表　（单位：hm^2）

土地类型		金星村	永隆村	双河村	金台村	大塘村	合计
代码	名称	101	102	103	104	105	
11	耕地	96.19	10.55	77.30	70.50	22.61	277.15
12	园地	0.31	2.37	11.10	2.36		16.14
13	林地	44.51	11.09	33.17	41.02	3.63	133.42
15	其他农用地	0.36			0.00		0.36
20	城镇村及工矿用地	7.61	0.08	7.82	5.07	3.21	23.79
31	未利用地	1.03		2.00	0.43		3.46
32	水域	0.34		1.59		0.57	2.50
合计		150.35	24.09	132.98	119.38	30.02	456.82

六、实验说明

（1）关于叠加方法的问题。为便于理解不同叠加分析的实质，本实验将垃圾填埋场污染影响范围数据、土地利用数据、行政区数据分别进行了不同类型的叠加。事实上，读者可以采用 Intersect 工具一次叠加完成。

（2）关于面积问题。叠加后生成的多边形的面积不能直接采用 Area 等字段中的面积，因为它们是在叠加时从输入要素（土地利用、行政区划）中直接继承过来的。为得到叠加切割后的图斑面积，本实验通过新加一个面积字段，利用 Calculate Geometry 工具来重算面积。除了采用这种方法外，读者还可以将数据转换到 Geodatabase 中进行叠加，叠加后新生成数据的属性表中有一个 Shape_Area 字段，该字段中的值即为叠加切割后的多边形面积。

（3）关于面积统计问题。在对面积进行分类汇总时，除了使用 Frequency 工具外，也可以将叠加后的属性表输出为 dbf 文件，再在 Excel 中进行分类汇总。但相比之下，采用 Frequency 工具进行分类汇总更加高效和便捷。

（4）在我国土地管理中，往往采用土地的净面积（即毛面积扣除线状地物、零星地物、田坎等后的面积）作为统计值。为方便计算，本实验中所涉及的面积均采用图斑面积。在实际应用中，用户还需要考虑叠加后的净面积重算问题。

实验六　空间网络分析

一、实验目的

理解空间网络分析的基本原理，掌握矢量数据网络分析的常用方法，能够熟练使用GIS软件进行空间网络分析。

二、实验内容

根据城市路网、商店、警察局、医院、敬老院等数据开展最佳路径分析、服务区分析，以及最近设施点分析。

三、实验原理与方法

实验原理：空间网络分析是通过研究空间网络的结构与属性等状态，模拟分析资源（物质、能源和信息）在网络上的流动和分配，以实现空间网络中资源的优化配置。

实验方法：根据城市路网数据和转弯要素建立交通网络数据集，在此基础上，开展三个方面的网络分析：一是根据配送中心位置与商店位置寻找配送货物的最佳路径；二是根据警察局位置计算其在3分钟、5分钟和10分钟能够到达的服务区范围；三是根据医院和敬老院位置找出距离敬老院5分钟行车距离范围内最近的两家医院。实验流程见图6.1。

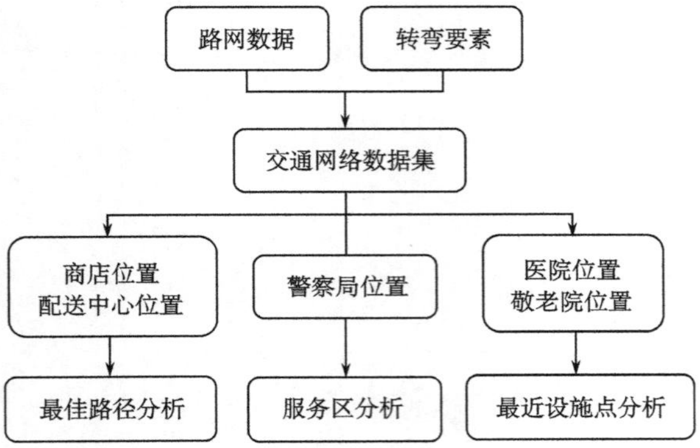

图6.1　实验流程图

四、实验设备与数据

（1）实验设备：计算机。

（2）主要软件：ArcGIS 10。

（3）实验数据："实验06"文件夹下的相关数据，包括 Transportation 数据集中的城市路网数据（Streets）和转弯要素（RestrictedTurns）、Location 数据集中的商店数据（Stores）、警察局数据（PoliceStation）、医院数据（Hospitals）、敬老院数据（Geracomiums）。

五、实验步骤

1. 浏览数据

在 ArcCatalog 中，浏览"实验06"文件夹下的相关数据，了解各数据的内容，熟悉属性表中各字段的内涵，以及各类属性值的含义。

2. 激活扩展模块

在 ArcCatalog 菜单上，依次点击【Customize】→【Extensions...】，打开扩展工具列表，勾选"Network Analyst"，激活网络分析扩展模块。

3. 构建交通网络数据集

（1）在 ArcCatalog 中，右键点击城市路网数据所在的数据集 Transportation，选择【New】→【Network Dataset...】（图6.2），打开构建网络数据集的对话框。

（2）在为网络数据集命名并选择版本（均可采用默认值）后，点击【下一步】，选中 Streets 要素类将其作为网络数据集的构建要素。

（3）点击【下一步】，选中 RestrictedTurns 数据作为转弯要素，用于模拟网络中的转弯。

（4）点击【下一步】，设置网络连通性（Connetctivity），这里的连通策略（Connetctivity Policy）采用默认设置"End Point"，表示所有街道在端点处相互连接。

（5）在【下一步】中，设置网络的高程字段（Using Elevation Fields），Streets 要素类具有整数形式的逻辑高程值，存储在 F_ELEV 和 T_ELEV 字段中。如果两个重合端点的字段高程值为 1，则边会连接。但是，如果一个端点的值为 1，而另一个重合端点的值为 0，边将不会连接。这里采用默认高程字段。

（6）点击【下一步】，为网络数据集指定属性。点击【Add...】按钮，在名称字段中输入 RestrictedTurns，使用类型选择限制（Restriction），将约束条件用法设置为禁止（Prohibited），并勾选在默认情况下使用（图6.3），点击【确定】后新的属性 RestrictedTurns 将被添加到属性列表中。然后双击 RestrictedTurns 字段打开赋值器（Evaluators），将 RestrictedTurns 字段的 Type 设置为常量（Constant），Value 设置为使用约束条件（Use Restriction）。在这样的设置下，网络分析不会穿过 RestrictedTurns 要素类中的任何转弯要素，目的是要避开违法转弯或危险转弯。点击【OK】，完成设置。

（7）连续两次点击【下一步】，为网络设置方向。点击【Directions...】按钮，在网络方向属性（Network Directions Properties）对话框中将显示的长度单位设置为"Meters"，并确保主要行（Primary）的名称字段自动映射到 NAME。NAME 字段包含城市街道的名称，它们将用于生成行车路线。点击【确定】，返回新建网络数据集向导。

图 6.2　建立网络数据集

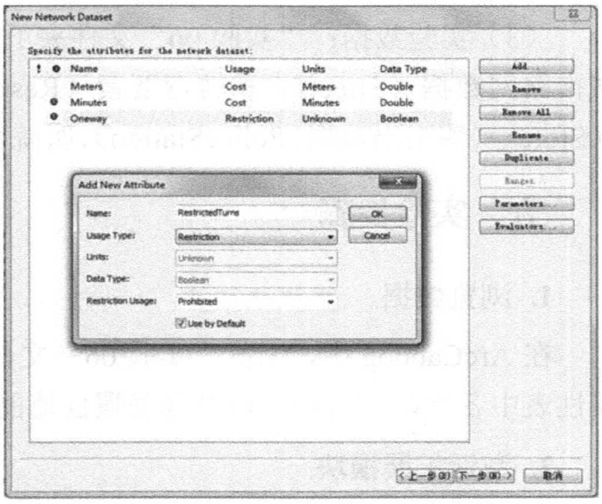

图 6.3　添加新属性限制转弯要素的移动

（8）连续两次点击【下一步】按钮，将显示所有设置的汇总信息，确认无误后点击【Finish】，将启动进度条，显示 Network Analyst 正在创建网络数据集。完成创建网络数据集后，点击【YES】，构建网络。浏览 Transportation 数据集，可以发现该数据集中增加了一个网络数据集和一个网络节点的要素类。

4. 寻找最佳路径

（1）打开 ArcMap，将上一步在 Transportation 数据集中建立的网络数据集，以及相联系的数据一同加载到 ArcMap 窗口中。

（2）在 ArcMap 的菜单上，依次点击【Customize】→【Extensions…】，打开扩展工具列表，勾选“Network Analyst”，激活 ArcMap 中的网络分析扩展模块。

（3）右键点击菜单栏任意位置，点击【Network Analyst】，打开网络分析工具条。在 Network Analyst 工具条上，单击按钮，打开可停靠的 Network Analyst 窗口。

（4）在 Network Analyst 工具条上，单击【Network Analyst】→【New Route】，新建路径。路径分析图层将被添加到 Network Analyst 窗口中。这时网络分析要素类中停靠点（Stops）、路径（Routes）、点障碍（Point Barriers）、线障碍（Line Barriers）和面障碍（Polygon Barriers）为空（图 6.4）。

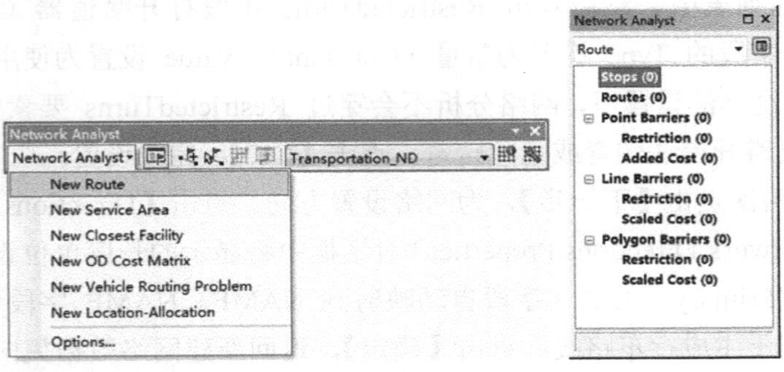

图 6.4　新建路径

（5）在 ArcMap 加载位于 Location 数据集中的商店数据 Stores，该数据记录了配送中心的位置和各商店的位置。点击网络分析工具箱上的按钮，打开 Network Analyst 窗口，右键单击该窗口中的【Stops（0）】→【Load Locations…】，打开加载位置对话框，在 Load From 下拉框中选择“Stores”，在排序字段（Sort Field）的下拉框中选择“OBJECTID”，其余采用默认值，点击【OK】，将位置数据加载至地图中。在 Network Analyst 窗口中复制第一个点（配送中心）并粘贴，然后将其拖动至停靠点的最后一个位置，用以保证最终回到配送中心（图 6.5）。

图 6.5 添加网络位置

（6）设置分析参数。单击 Network Analyst 窗口中的路径属性按钮，打开图层属性对话框，点击 Analysis Settings 标签，进行如下的设置（图 6.6）。

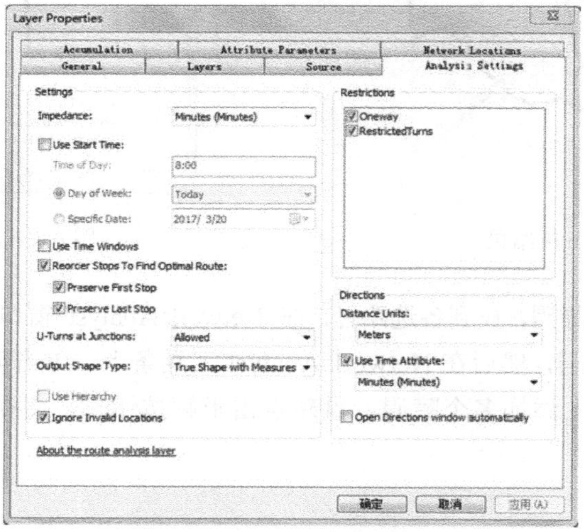

图 6.6 路径分析设置

a. 在 Settings 框中将阻抗（Impedance）设置为 Minutes，即最佳路径根据时间成本进行选择。取消勾选“Use Start Time”（若网络数据集具有与“Minutes”属性相关的历史流量数据，通过设置出发时间，网络分析可根据该时间和历史流量速度查找最快路径）。勾选“Reorder Stops To Find Optimal Route”，网络分析时会保留第一个停靠点和最后一个停靠点，并对途经的中间停靠点重新排序获得最佳路径。交汇点的 U 形转弯（U-Turns at Junctions）选择“Allowed”。Output Shape Type 选择具有测量值的实际形状（True Shape With Measures）。勾选忽略无效的位置（Ignore Invalid Locations）复选框。

b. 在 Restrictons 框中勾选“Oneyway”和“RestrictedTurns”，网络分析时路径会识别单行道并且不会穿过 RestrictedTurns 要素类中的任何转弯要素。

c. 在 Directions 框中选择距离单位（Distance Units）为“Meters”，并勾选使用时间属性（Use Time Attribute）。

点击【确定】，完成参数设置。

（7）在 Network Analyst 工具条上，点击求解（Solve）按钮，网络分析会将网络位置重新排序，得到最佳配送路径（图 6.7）。双击生成的路径图层[Routes（1）中的配送中心-配送中心]，将显示最佳路径的属性信息，包括了第一个站点和最后一个站点的编号、途经站点的个数及花费的总成本（时间或距离）。在 Network Analyst 工具条上，单击方向指示按钮，可打开方向指示对话框，在方向对话框最右端的列中，任意单击其中的一个“Map”链接，将显示在该路径上的行进策略示意图（图 6.8）。

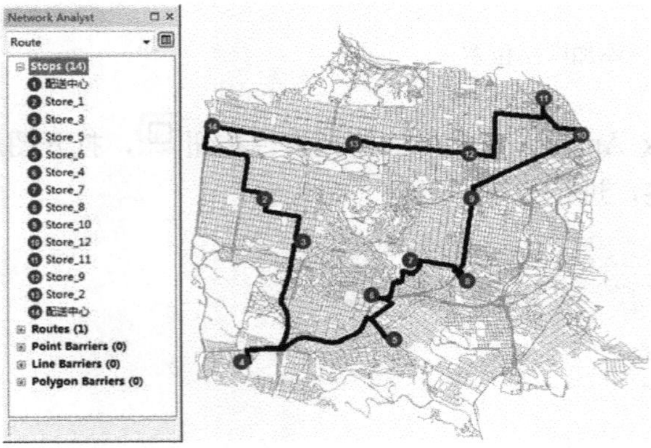

图 6.7　路径分析结果

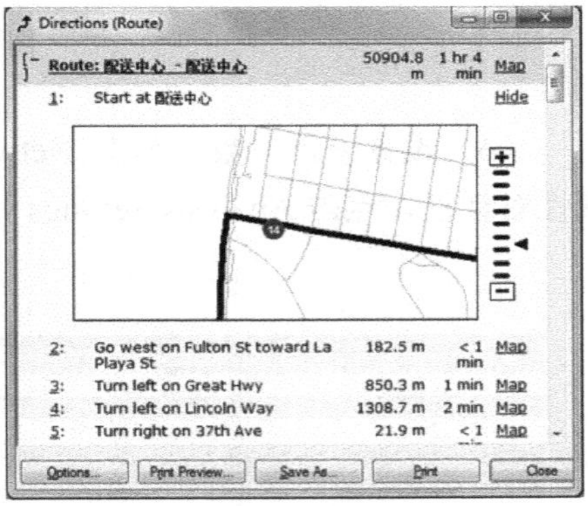

图 6.8　方向指示窗口

（8）添加一个点障碍，找到备选路径。在 Network Analyst 窗口中，点击 Point Barriers（0）下的【Restriction】，然后在 Network Analyst 工具条上，单击创建网络位置工具，在上一步生成的路径上添加多个障碍，重新点击求解按钮，将得到避开这些障碍的新路径（图 6.9）。

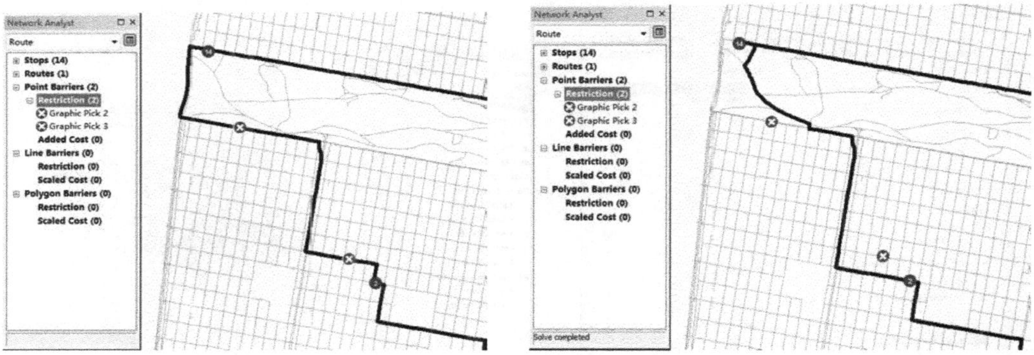

图 6.9　添加障碍的路径分析结果对比

5. 计算警察局的服务范围

（1）在 Network Analyst 工具条上，单击【Network Analyst】→【New Service Area】，新建服务区。

（2）加载位于 Location 数据集中的警察局数据（PoliceStation）。在 Network Analyst 窗口中，右键单击【Facilities（0）】→【Load Locations…】，打开加载位置对话框，在 Load From 下拉框中选择位置点数据“PoliceStation”，其余采用默认值，点击【OK】，将位置数据加载至地图中。

（3）设置分析参数。单击 Network Analyst 窗口中的分析图层属性按钮。点击 Analysis Settings 标签，进行如下的设置（图 6.10）。

a. 在 Settings 框中将阻抗（Impedance）设置为 Minutes。在 Default Breaks 文本框中输入 3 5 10（中间以空格或逗号隔开，表示警察局在 3 分钟、5 分钟和 10 分钟所能到达的服务范围）。交汇点的 U 形转弯（U-Turns at Junctions）选择 Allowed。

b. 在 Restrictions 框中取消勾选 Oneway 和 RestrictedTurns，即警察在出警时可以通过单行道和转弯要素。

点击【确定】完成参数设置。

（4）在 Network Analyst 工具条上，单击求解按钮，在地图窗口和 Network Analyst 窗口中得到警察局的服务区范围结果。图 6.11 中由深到浅的 3 种颜色分别表示在 3 分钟、5 分钟、10 分钟之内警察能到达的范围。

6. 查找距离养老院最近的医院

（1）在 Network Analyst 工具条上，单击【Network Analyst】→【New Closest Facility】，新建最近设施。

（2）加载位于 Location 数据集中的医院数据（Hospitals）。在 Network Analyst 窗口中，右键单击【Facilities（0）】→【Load Locations…】，打开加载位置对话框，在 Load From 下拉框中选择位置点数据 Hospitals，其余采用默认值，点击【OK】，将医院的位置数据加载至地图中。

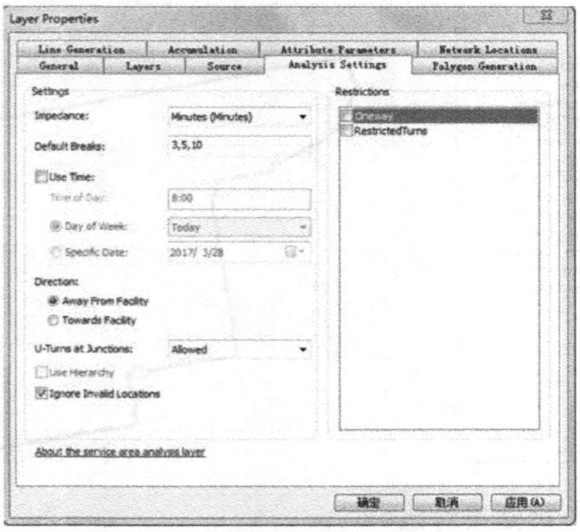

图 6.10　服务区分析设置

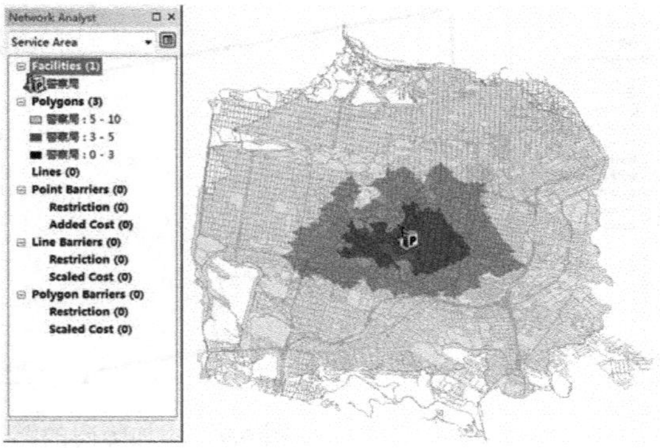

图 6.11　警察局的不同时间服务范围

（3）加载位于 Location 数据集中的敬老院数据（Geracomiums）。在 Network Analyst 窗口中，右键单击【Incidents（0）】→【Load Locations…】，打开加载位置对话框，在 Load From 下拉框中选择位置点数据“Geracomiums”，其余采用默认值，点击【OK】，将敬老院的位置数据加载至地图中。

（4）设置分析参数。单击 Network Analyst 窗口中的分析图层属性按钮。点击 Analysis Settings 标签，进行如下的设置（图 6.12）。

a. 在 Settings 框中将阻抗（Impedance）设置为“Minutes”。在默认界值（Default Cutoff Value）文本框中输入“5”（网络分析将搜索距离敬老院 5 分钟车程的医院，车程超过 5 分钟之外的医院将被忽略），在搜寻设施（Facilities To Find）文本框中输入“2”（网络分析最多可搜索距离敬老院最近的两个医院，如果在 5 分钟范围内仅有一个医院，将不对第二个医院进行查找）。Travel From 选择“Incident to Facility”（路径将以敬老院为起点，医院为终点）。交汇点的 U 形转弯（U-Turns at Junctions）选择“Allowed”。Output Shape Type 选择具有测量值的实际形状（True Shape With Measures）。勾选忽略无效的位置（Ignore Invalid Locations）复选框。

b. 在 Restrictions 框中勾选“Oneyway”和“RestrictedTurns”，网络分析时路径会识别单行道并且不会穿过 RestrictedTurns 要素类中的任何转弯要素。

c. 在 Directions 框中选择距离单位（Distance Units）为“Meters”，并勾选使用时间属性（Use Time Attribute）。

点击【确定】，完成参数设置。

（5）在 Network Analyst 工具条上，点击求解按钮，网络分析会查找 5 分钟行驶范围内的两个医院（图 6.13）。

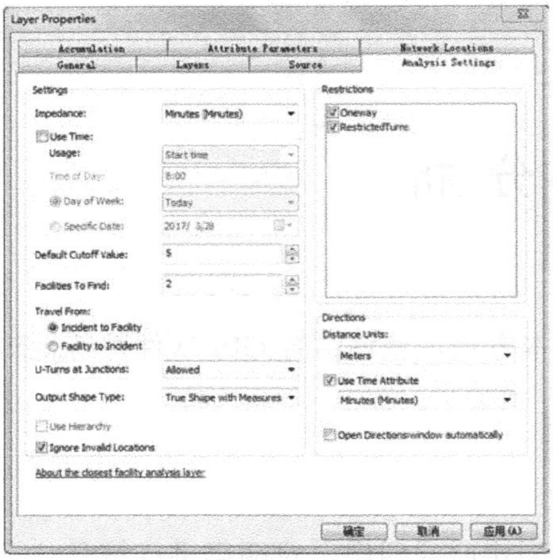

图 6.12　最近设施点分析设置

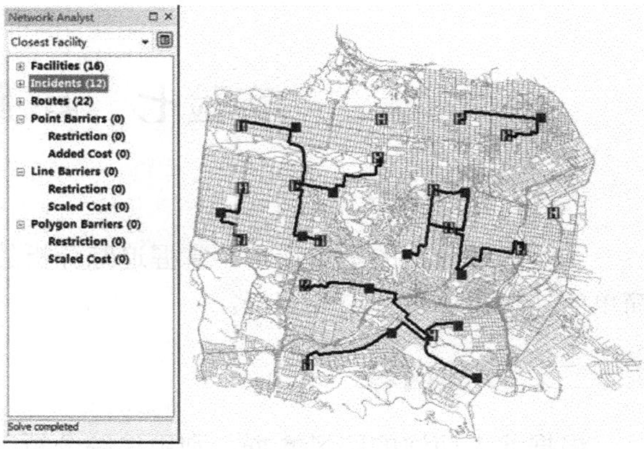

图 6.13　离养老院最近的医院

六、实验说明

（1）在生成最佳路径时如果显示警告消息，则表示停靠点可能位于受限制的边上。使用 Network Analyst 工具条上的选择/移动网络位置工具，尝试移动一个或多个停靠点后再做分析。

（2）若没有确切的位置数据，也可以使用 Network Analyst 工具条上创建网络位置工具，单击地图，在街道网络中的任何位置定义新的停靠点位置。

（3）网络分析工具中还包括 OD 成本矩阵分析（OD Cost Matrix）、多路径配送分析（Vehicle Routing problem）、位置分配分析（Location-Allocation）等，有兴趣的读者可以深入学习。

（4）配置了流量数据的网络数据集在进行路径分析时将考虑不同时间段的车流量并优化最佳路径。在构建网络数据集时配置流量数据需要流量剖析表与街道-剖析表。流量剖析表中的每条记录都包含唯一的标识符和多个用于存储每天不同时间的畅通行驶速度的比例因子字段。“街道-剖析”连接表可识别街道要素、畅通行驶速度（或行驶时间）及其所关联的一周中每天的流量剖析。

（5）本实验在街道数据的属性表中，有一个“Oneway”字段，用于对驾驶员必须遵守的单向交通约束进行建模，字段属性值为“FT”表示正方向（From To），属性值为“TF”表示反方向（To From）。

实验七　追 踪 分 析

一、实验目的

了解追踪分析的基本原理，掌握追踪分析的基本方法，能够结合 GIS 软件熟练地对简单的动态事件进行追踪分析。

二、实验内容

根据北大西洋的飓风数据，利用追踪分析工具创建追踪图层，对图层进行符号化，模拟飓风的行进路线，动态浏览追踪飓风过程，创建数据时钟，分析飓风发生的时间规律，回放飓风的发展过程，高亮显示特定飓风事件，通过动画输出工具将飓风的发展过程以动画形式输出。

三、实验原理与方法

实验原理：追踪分析是基于时间序列的可视化分析工具，以时间顺序来展示地理数据随时间变化的过程；每次飓风发生的时间、地理位置（经纬度）及风速大小等信息，都可以作为飓风的属性数据详细地记录在属性表中。通过追踪分析工具可以按时间先后顺序追踪飓风发生的地理位置和属性特征，从而模拟飓风的行进路线，显示满足某一条件时所触发的飓风事件。

实验方法：首先对包含日期和事件的飓风数据创建追踪图层，并添加到地图中；其次对追踪图层进行符号化，并将特定事件（风速大于 75 英里/小时的飓风事件）进行高亮度显示操作；再次创建数据时钟用以分析飓风数据隐含的信息；最后通过回放管理器和动画工具以动画的形式对飓风数据进行回放。实验流程见图 7.1。

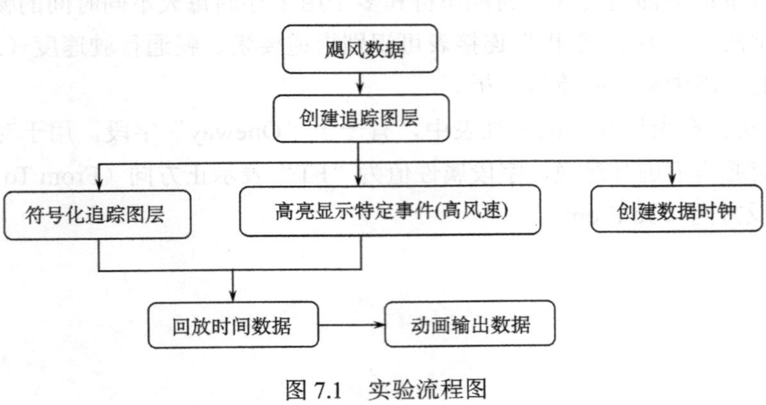

图 7.1　实验流程图

四、实验设备与数据

（1）实验设备：计算机。

（2）主要软件：ArcGIS 10 等。

（3）实验数据："实验 07"文件夹下的 2000 年 8~10 月的北大西洋飓风数据（Hurricanes 地理数据库下的 atlantic_hurricanes_2000 数据），以及全球的陆地（Land_Areas）、海洋（Ocean）、主要湖泊（Major_Lakes）、主要河流（Major_Rivers）、10° 经纬网（10_Degree_Graticule）等基础地理底图数据。该数据主要源于 ArcGIS 示例数据集 ArcTutor 中的相关数据。

五、实验步骤

1. 加载并浏览数据

打开 ArcMap，加载飓风数据 atlantic_hurricanes_2000，以及其他必要的基础地理底图数据。合理调整底图数据图层的顺序，然后进行符号化并浏览数据。打开飓风数据属性表，了解属性表中各个字段的含义（图 7.2）。

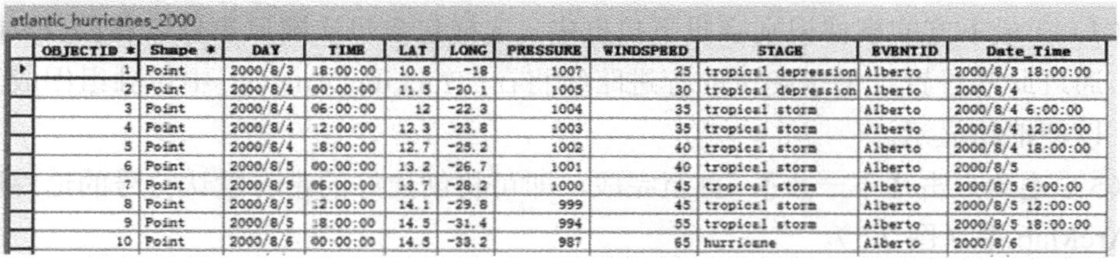
atlantic_hurricanes_2000

OBJECTID *	Shape *	DAY	TIME	LAT	LONG	PRESSURE	WINDSPEED	STAGE	EVENTID	Date_Time
1	Point	2000/8/3	18:00:00	10.8	-18	1007	25	tropical depression	Alberto	2000/8/3 18:00:00
2	Point	2000/8/4	00:00:00	11.5	-20.1	1005	30	tropical depression	Alberto	2000/8/4
3	Point	2000/8/4	06:00:00	12	-22.3	1004	35	tropical storm	Alberto	2000/8/4 6:00:00
4	Point	2000/8/4	12:00:00	12.3	-23.8	1003	35	tropical storm	Alberto	2000/8/4 12:00:00
5	Point	2000/8/4	18:00:00	12.7	-25.2	1002	40	tropical storm	Alberto	2000/8/4 18:00:00
6	Point	2000/8/5	00:00:00	13.2	-26.7	1001	40	tropical storm	Alberto	2000/8/5
7	Point	2000/8/5	06:00:00	13.7	-28.2	1000	45	tropical storm	Alberto	2000/8/5 6:00:00
8	Point	2000/8/5	12:00:00	14.1	-29.8	999	45	tropical storm	Alberto	2000/8/5 12:00:00
9	Point	2000/8/5	18:00:00	14.5	-31.4	994	55	tropical storm	Alberto	2000/8/5 18:00:00
10	Point	2000/8/6	00:00:00	14.5	-33.2	987	65	hurricane	Alberto	2000/8/6

图 7.2 飓风数据属性表

飓风数据属性表中，DAY、TIME 字段分别记录了飓风发生的日期、时间信息，Data_Time 字段将 DAY、TIME 两个字段中的数据合并到一起；LAT、LONG 记录了飓风事件所处地理位置的纬度、经度；PRESSURE、WINDSPEED 字段分别记录了飓风的气压、风速信息；STAGE 字段记录了飓风所处的阶段；EVENTID 字段记录了每次飓风的名称。

2. 激活追踪分析扩展模块

点击菜单【Customize】→【Extensions…】，在扩展工具列表中勾选"Tracking Analyst"，激活该模块。

3. 打开追踪分析工具条

点击菜单【Customize】→【Toolbars】，勾选 Tracking Analyst 复选框，或直接右键单击主菜单或任一工具条中的空白区域，在弹出的浮动菜单中勾选 Tracking Analyst 复选框，从而在 ArcMap 中打开追踪分析工具条（图 7.3）。

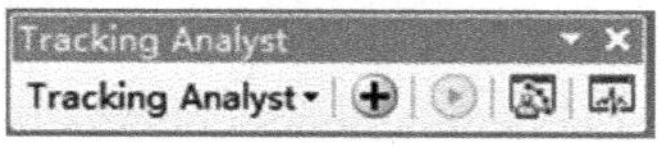

图 7.3　追踪分析工具条

4. 创建追踪图层

点击追踪分析工具条上的添加时态数据按钮 ，创建追踪图层，其相关设置如下（图 7.4）。

（1）在数据源（Data source）中打开 Hurricanes 地理数据库下的 atlantic_hurricanes_2000 要素类。

（2）在日期/时间字段（Field containing the data/time）下拉框中选择飓风数据中的 Date_Time 字段，表示通过该字段来查找每个事件发生的时间信息。下拉框右边会出现 [Date]标注，表示此字段具有“日期”数据类型，追踪分析时可以从该类型字段中抽取日期和时间信息。

（3）在时区下拉框中，选择时区（格林尼治标准时间），并取消选中按夏时制调整值复选框（Values are adjusted for daylight savings），表示飓风数据是在没有按夏时制调整的情况下采用格林尼治标准时间收集的。

（4）在最下方的事件识别字段下拉框中，选择包含每次飓风事件名称的 EVENTID 字段。通过此次设置，每条飓风的行进路线将在 Tracking Analyst 中单独组织成为一个轨迹，以便追踪显示。

（5）连续点击【下一步】，直至完成，即可将创建好的带有默认符号的追踪图层添加至 ArcMap 中（图 7.5）。

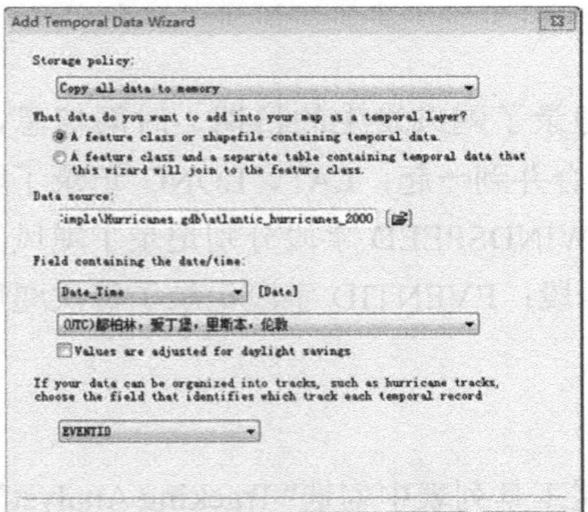

图 7.4　添加时态数据

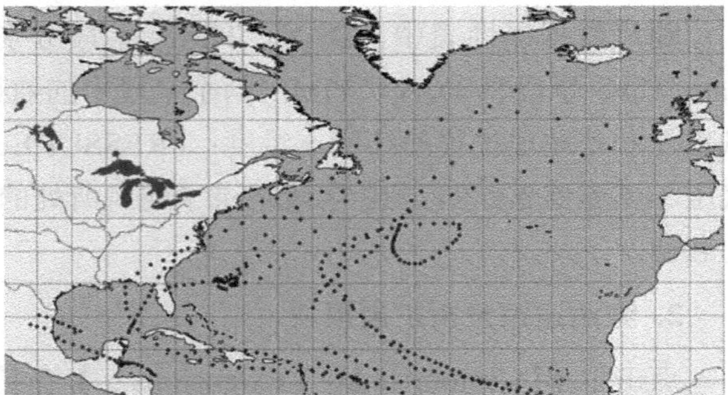

图 7.5　创建的追踪图层

5. 符号化追踪图层

（1）事件的符号化。右键点击追踪图层，选择【Properties...】，在打开的图层属性对话框中，选择符号化（Symbology）选项卡，在显示（Show）面板中，勾选“Events”，在绘图方式（Drawn As）面板中选择渐变符号（Graduated symbols）；在字段（Fields）值（Value）下拉框中选择风速（WINDSPEED）字段，将飓风数据按风速大小进行分级显示；在分类（Classification）面板中，设置分级的数量及分级方法。在下方的符号设置区中，设置符号的大小、形状、图例标签等（图 7.6）。

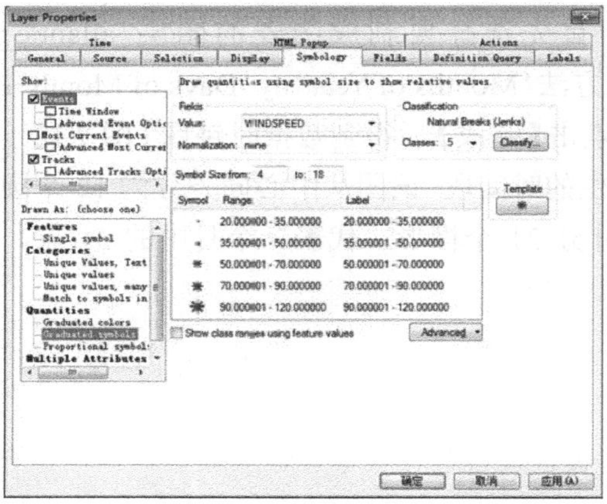

图 7.6 追踪图层的符号化

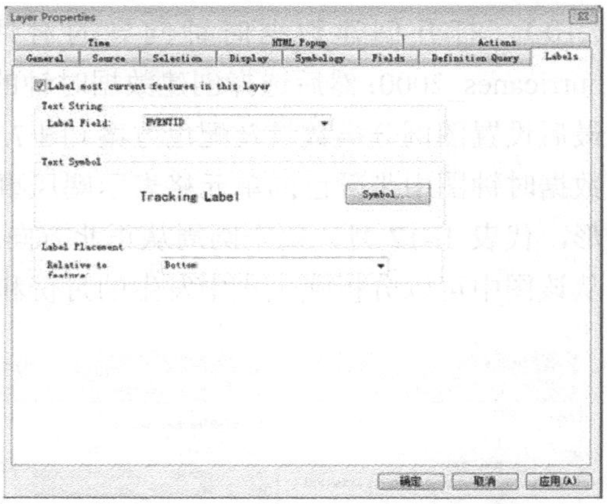

图 7.7 飓风标注设置

（2）追踪线的符号化。在符号化选项卡左上角的 Shows 面板中，勾选“Tracks”，选择绘图方式，设置追踪线要素的符号，此时各个事件点将以追踪线的形式连接起来。

（3）飓风标注。在窗口上方选择标签（Labels）选项卡，先勾选标签复选框，然后在标签字段下拉框中选择 EVENTID 作为标注字段，地图上将显示每次飓风的名称，最后设置标注文本的符号、大小、位置（图 7.7）。

（4）点击【确定】，完成对追踪图层的符号化（图 7.8）。

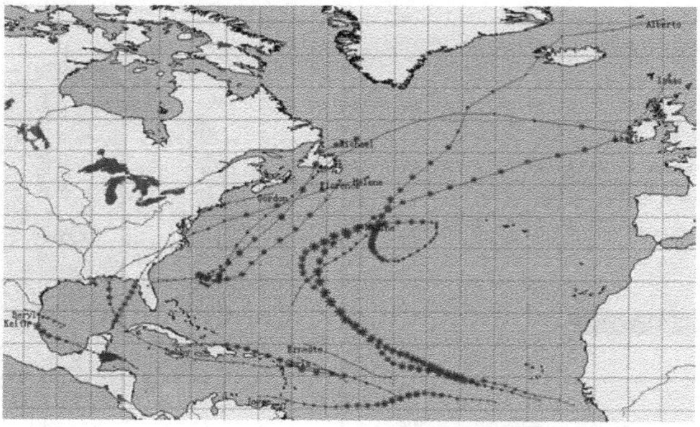

图 7.8 符号化后的追踪图层

6. 动态浏览追踪数据

点击追踪分析工具条上的 按钮，打开追踪管理器（图 7.9）。通过该管理器可以随意查看单个或多个飓风的行进轨迹及对应的属性信息。在事件列表框中选择一个或多个飓风事件，通过框下方的不同按钮可以动态浏览追踪数据。例如，选择“Helene”飓风，点击左下角的 按钮，将以高亮显示“Helene”飓风的路径。

7. 创建数据时钟

在追踪分析工具条的下拉菜单中，选择【Data Clock】→【Create Data Clock...】(图 7.10)，打开创建数据时钟向导的对话框。首先选择要制成图表的图层 atlantic_hurricanes_2000；然后选择创建数据时钟的汇总方法‘Months of Year’by‘Days of Month’；最后设置图例分类数量及配色方案(图 7.11)。点击【完成】后得到数据时钟图(图 7.12)。数据时钟图中带颜色的单元格表示飓风事件发生的时间段。该图从中心向外分为 12 个圆形，代表 1~12 月，每个圆周从正北方向顺时针分 31 个楔形，代表一个月中的 31 天。从该图中可以分析飓风集中发生的月份和日期。

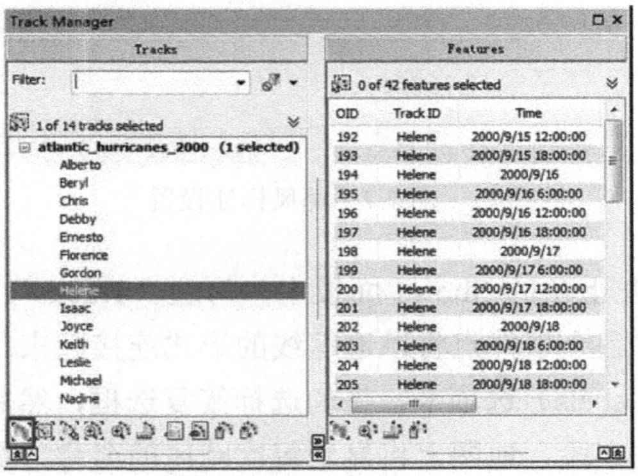

图 7.9　追踪管理器

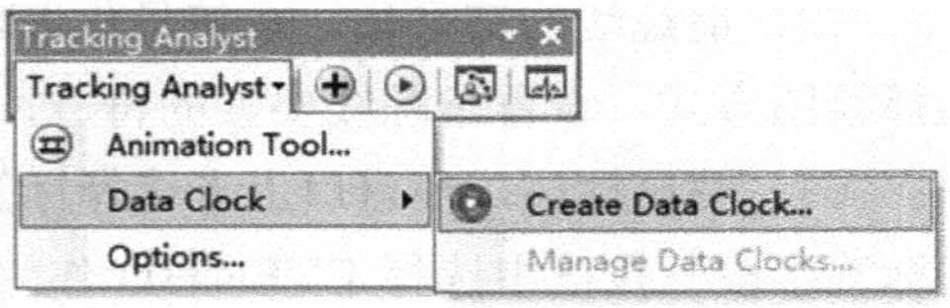

图 7.10　数据时钟工具

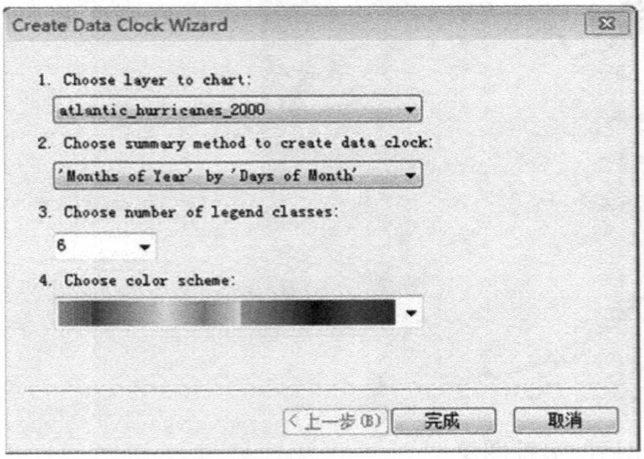

图 7.11　数据时钟设置向导

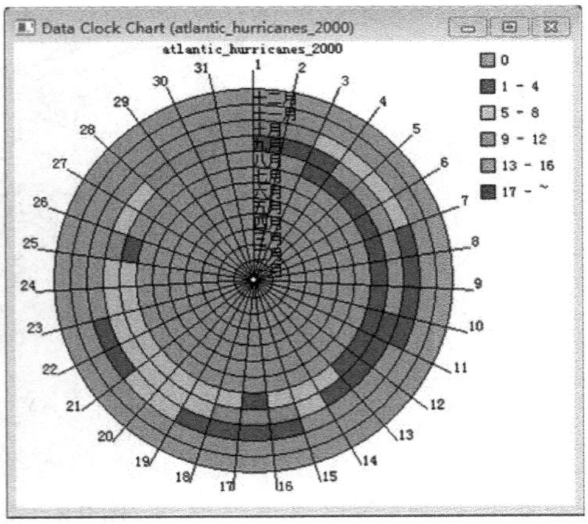

图 7.12　数据时钟图

8. 回放飓风过程

（1）回放设置。在追踪分析工具条上点击回放管理器按按钮，打开回放管理器对话框，点击右下角的拓展按钮，在展开的窗口中先将目标图层设置为与 atlantic_hurricanes _2000 数据一致，然后设置回放速度为 1d/s（图 7.13）。

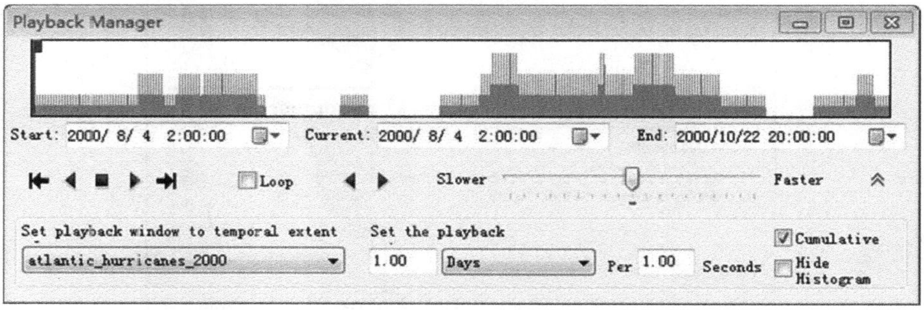

图 7.13 回放管理器

（2）默认情况下，回放管理器将回放的起始时间设置在回放窗口的开始位置（左侧边缘）。拖动回放窗口中红色的时间指示器，可以调整回放的起始时间。点击播放控制器中的播放按钮，飓风数据将在 ArcMap 中以设定的速度（1d/s）进行追踪。

（3）选中播放按钮右侧的循环（Loop）复选框，可以连续回放数据，即当时间到达回放窗口的结束位置时，它将自动重置到回放窗口的开始位置继续循环回放数据。

（4）数据正在回放时，可通过拖动速度指示器向较慢或较快方向移动来调整回放速度。

（5）在非回放状态下，除了通过回放管理器中的“上一项”和“下一项”按钮来手动向前和向后浏览数据外，还可以通过单击并拖动红色时间指示器或单击直方图上的任意位置来更改正在显示的时间。

通过回放数据，可以直观地了解到北大西洋飓风运动的整体模式呈现以下规律：飓风起源于 10°N 附近的大西洋中，开始时往西北方向运动，在 30°N 附近突然向东北方向移动。

9. 高亮显示过大风速

追踪分析工具可以执行一些复杂数据的操作。追踪过程中通过设置一定的属性或位置条件，当条件满足时可以触发一些特定的操作，如高亮显示、禁止显示、过滤显示等。以下将设置一个高亮显示操作以查看飓风的风速何时高于 75 英里/小时。具体操作过程如下。

（1）在 ArcMap 的内容表中右键点击追踪图层，选择【Properties...】，在打开的图层属性对话框中选择 Actions 选项卡，点击【New Action...】，打开新建操作选项卡。设置新操作的名称为“强风”，同时选择新操作的类型为“高亮显示/禁止显示”（图

7.14）。点击【OK】进入下一步。

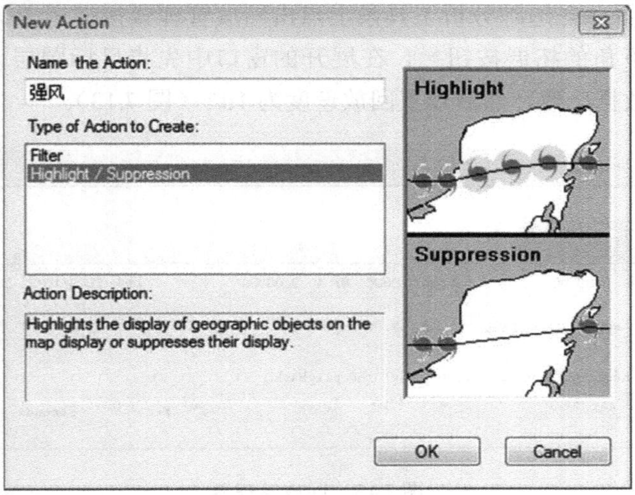

图 7.14　新建一个强风操作

（2）在打开的高亮显示/禁止显示操作参数对话框中（图 7.15），先选择显示类型为高亮显示，并设置高亮显示的符号类型；然后选择触发方式为属性查询（Attribute Query），点击查询构建器按钮（Query Builder…），打开查询构建器对话框，在其下方的文本框中输入查询条件："WINDSPEED" >= 75（图 7.16）。点击【OK】，完成设置后，风速大于等于 75 英里/小时的飓风数据将高亮显示在 ArcMap 中（图 7.17）。

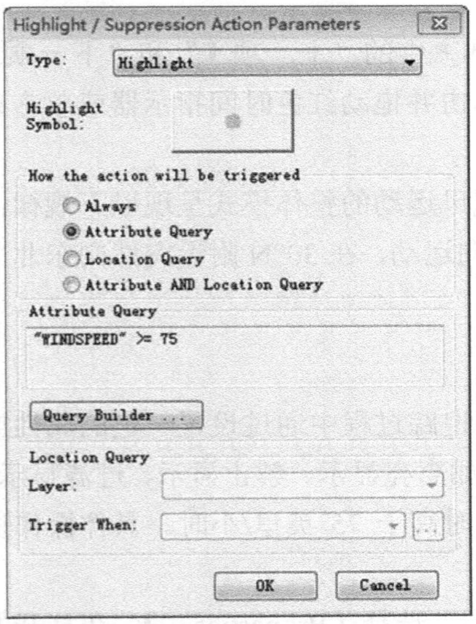

图 7.15　高亮显示/禁止显示对话框

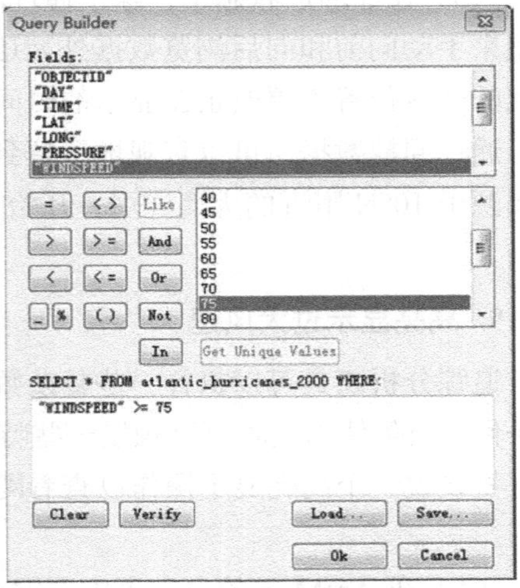

图 7.16　查询构建器参数对话框

（3）设置完成之后，还可以利用回放管理器，动态地高亮显示以上设置的高风速飓风的事件。

10. 动画输出

在追踪分析工具条的下拉菜单中，选择动画工具（Animation Tool）（图 7.18），通过该工具可以设置动画的时间范围、每一帧（Frame）画面时间、计算帧数、每帧的大小、动画的格式，以及动画保存的路径和名称（图 7.19）。点击【Generate】后生成动画。用任一视频软件打开动画，观看北大西洋飓风的形成和发展过程。必要时返回修改动画设置，重新调整和输出动画。

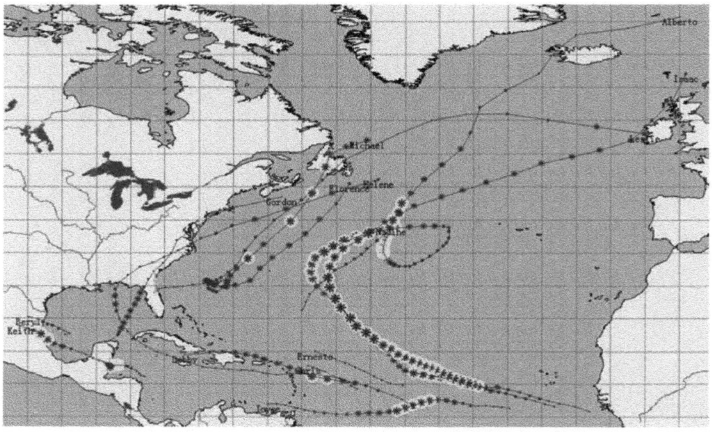

图 7.17 高亮显示高风速事件

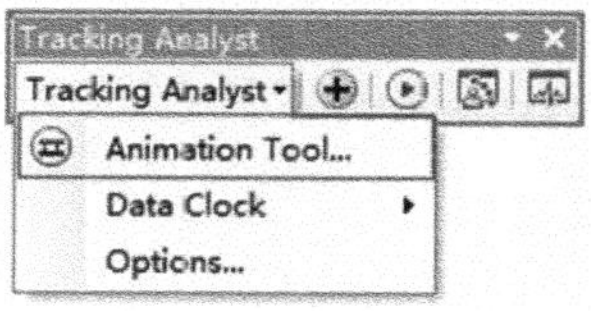

图 7.18 动画输出工具

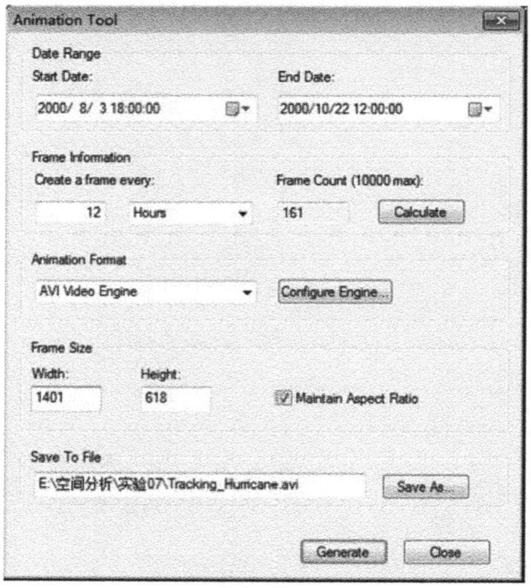

图 7.19 动画设置

六、实验说明

（1）本实验使用了追踪分析工具提供的简单符号化操作，读者可以结合 ArcGIS 中关于追踪分析的帮助文档了解更高级的符号化设置。

（2）特大风速飓风通常发生在海洋中心。然而，某些情况下这样的特大风速事件也会在陆地上发生，对生活在飓风经过地区的人们的生命和财产安全构成巨大威胁。读者可以结合提供的数据，思考如何进一步创建高亮（或禁止）显示操作以检测在陆地上发生的特大飓风事件。

实验八　成分栅格编码-矢量数据的综合分析

一、实验目的

了解成分栅格编码的基本原理，学会综合运用创建格网（Create fishnet）、叠加（Identity）、频数统计（Frequency）、属性连接（Join）与属性提取（Select by attributes）、矢量栅格转换（Polygon to raster）等方法，制作成分栅格数据，分析不同栅格编码方法的特点。

二、实验内容

根据某地的土地利用现状数据，综合运用多种矢量数据的空间分析方法，生成土地利用的成分栅格数据，并比较该数据与其他方法生成的栅格数据之间的异同。

三、实验原理与方法

实验原理：矢量数据转换为栅格数据的过程中，涉及一个关键的问题，即如何进行栅格像元的编码。常用的栅格编码方法有像元中心法、面积最大法等。但这些方法有一个共同问题：当像元内有多个类型（混合像元）的数据时，因只能取其一而舍去其他，所取的类型面积被夸大，舍去的面积被缩小，从而造成不同的类型都有面积误差，这种误差又会因编码方法及像元大小的不同而有较大的差异。成分栅格按要素的类型输出多个栅格，每个栅格中的像元值采用该栅格像元内本类要素的面积比例，从而可以有效保证输出栅格数据中的各类要素的面积准确性。

成分栅格数据已成为空间分析中的一种重要数据类型。通常成分数据可表示为 $P_i = S_i \Big/ \sum_{i=1}^{n} S_i$。式中，$n$ 为成分数据包含的分量个数；P_i 为像元中第 i 个分量的成分数值；分子 S_i 为像元中第 i 个分量的原始观测值，如耕地面积、林地面积等；分母 $\sum_{i=1}^{n} S_i$ 为该像元总面积。土地利用成分栅格数据是基于一定尺度栅格建立的成分数据，反映了一个地区土地利用的分布特征，根据多个时相的土地成分栅格可以为土地利用格局演替、土地利用变化驱动机理分析等提供有力的保障。

实验方法：成分栅格数据的生成方法是，①根据输出像元的大小，在数据四至范围内创建与像元同样大小的格网多边形；②与土地利用数据进行叠加；③统计各格网多边形内各种地类的面积，计算面积比例；④将统计表中的数据按各个地类分别选择出来并输出为独立的表格；⑤以格网多边形的编号作为公共字段，将耕地的输出表格与格网多边形进行属性连接；⑥采用面积比例字段作为输出栅格的属性，将格网多边形转换为耕地的成分栅格数据；重复以上步骤，将其他土地类型的表格进行属性连接并转换为成分栅格。实验流程见图 8.1。

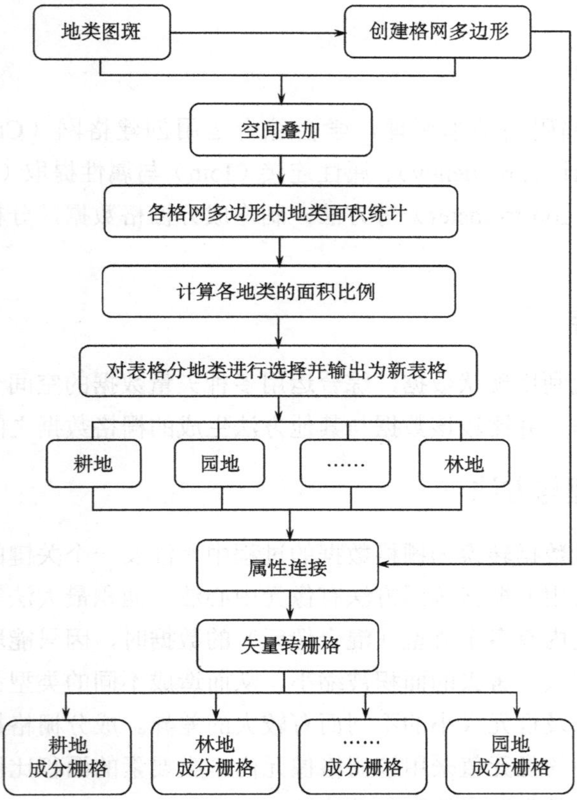

图 8.1　实验流程图

四、实验设备与数据

（1）实验设备：计算机。

（2）主要软件：ArcGIS 10。

（3）实验数据："实验 08"文件夹下的"地类图斑""行政区"数据。

五、实验步骤

（1）加载并认识数据。打开 ArcMap，加载"实验 08"文件夹中"实验数据"里的"地类图斑"，打开其属性表，了解数据中的各类土地的名称和代码。

（2）新建存放结果的数据库。点击 ArcMap 标准工具栏上的 Catalog 按钮，在右侧打开的 Catalog 窗口中，右键点击实验 08 文件夹，新建一个 File Geodatabase，命名为"实验结果"，用于存放结果数据。

（3）设置工作空间。打开 ArcToolbox 工具箱，右键点击窗口顶端的【ArcToolbox】，选择【Environments…】，打开环境设置（Environment Settings）对话框，在 Workspace 选项卡中将临时工作空间（Scratch Workspace）设置为“E:\空间分析\实验 08\实验结果.gdb”。

（4）创建格网多边形。在 ArcToolbox 中，依次双击【Data Management Tools】→【Feature Class】→【Create Fishnet】，打开创建格网工具（图 8.2）。首先设置输出数据的位置和名称（fishnet），其次将格网的范围设置为与输入数据一致，工具将自动输入其四至范围及格网原点坐标、Y 轴坐标、右上角坐标；再次设置格网大小（宽、高都为 100m）；再其次在几何类型（Geometry Type）中，选择多边形（Polygon）；最后点击【OK】，生成覆盖输入数据的格网多边形。

（5）数据叠加。在 ArcToolbox 中，依次双击【Analysis Tools】→【Overlay】→【Identity】，打开识别叠加工具，以上一步生成的格网数据（fishnet）作为输入数据，以地类图斑数据作为识别数据进行叠加（图 8.3）。观察新生成的数据，可以发现图斑被格网切割，新多边形的属性表中既具有格网多边形的编号，又具有各类土地的编号、名称等信息。

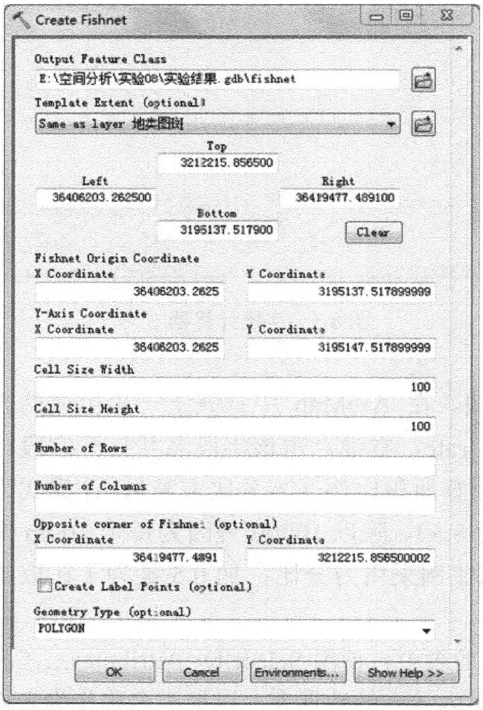

图 8.2　创建格网多边形

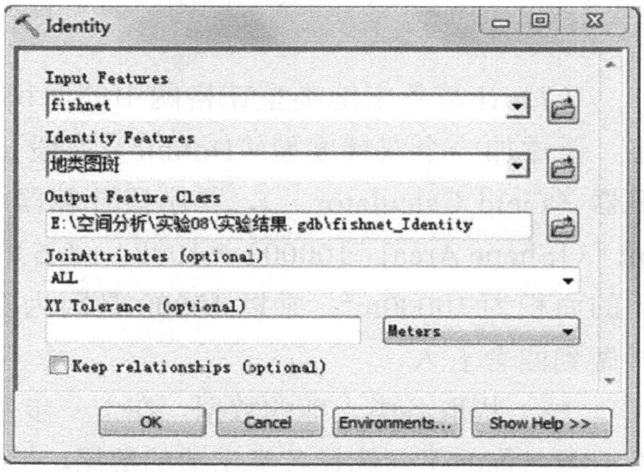

图 8.3　空间叠加 Identity

（6）统计各格网中各种土地类型的面积。在 ArcToolbox 中，依次双击【Analysis Tools】→【Statistics】→【Frequency】，打开频数统计工具（图 8.4），以上一步生成的数据作为输入数据，输出表格以默认值命名，以格网的编号（FID_fishnet）和地类名称（DLMC）作为频数字段（Frequency Fields），以图斑面积（Shape_Area）作为汇总字段（Summary Fields），点击【OK】，生成频数统计表。浏览该表，可以看到表中记录了各个格网多边形中各种地类的面积。

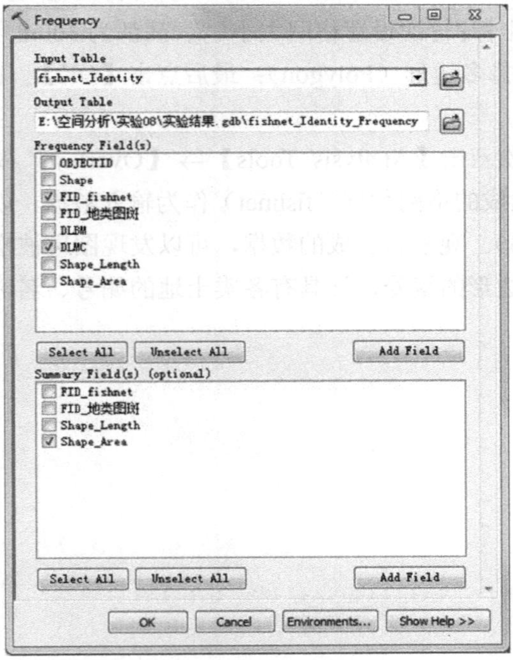

图 8.4　频数统计工具

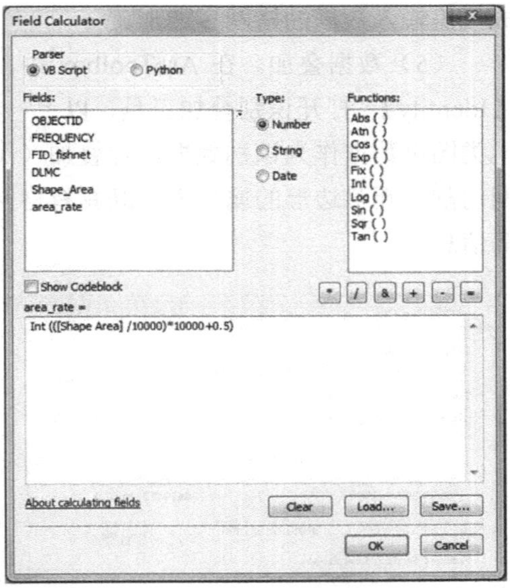

图 8.5　字段计算器

（7）计算各土地类型在格网中的面积比例。在 ArcMap 中打开上一步生成的表格，新添加一个双精度型（Double）字段 area_rate，右键点击该字段名并打开字段计算器（Field Calculator…），在字段计算器中计算面积比例（万分比取整），计算式为 Int（([Shape Area] / 10000）* 10000 + 0.5)（图 8.5）。除以 10000 是因为每个 100m 像元的面积为 $10000m^2$；乘以 10000 是因为面积比例采用万分比；加 0.5 是为了在取整时做到四舍五入。

（8）提取各类土地的数据。在上一步生成的表中，使用 Select by Attributes…工具按地类名称的不同选择各类土地的数据，并输出为独立的数据表，以地类名称作为表格名称。图 8.6 中显示的是林地数据的提取。

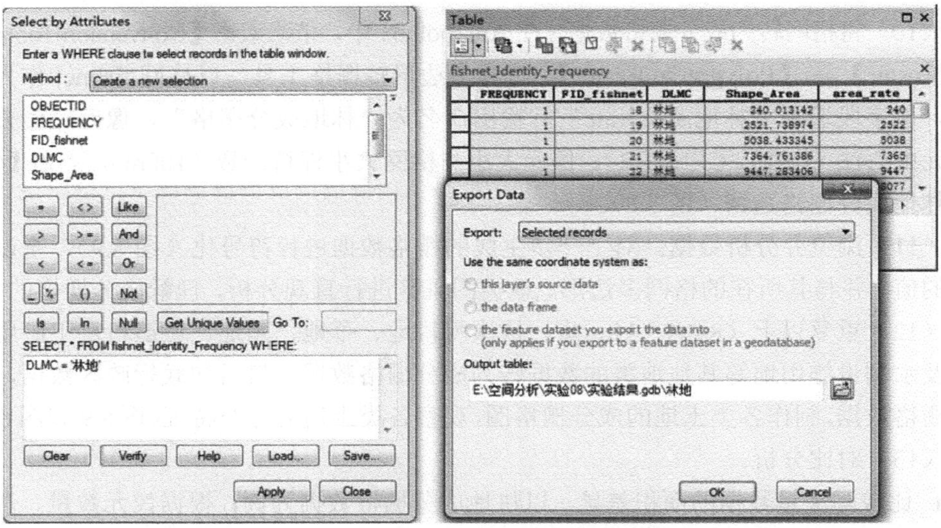

图 8.6　提取各类土地的数据（林地）

（9）将林地数据表连接到格网多边形。右键点击格网多边形图层 fishnet，选择【Joins and Relates】→【Join…】，打开属性连接对话框，通过公共字段进行属性连接。公共字段采用格网多边形的编号（即对话框中第一步的 OID，以及第三步中的 FID_fishnet），连接的表格选择林地（第二步）。点击【OK】，完成属性连接（图 8.7）。观察 fishnet 的属性表，可以发现各格网中记录了林地占格网面积的比例（area_rate 字段）。

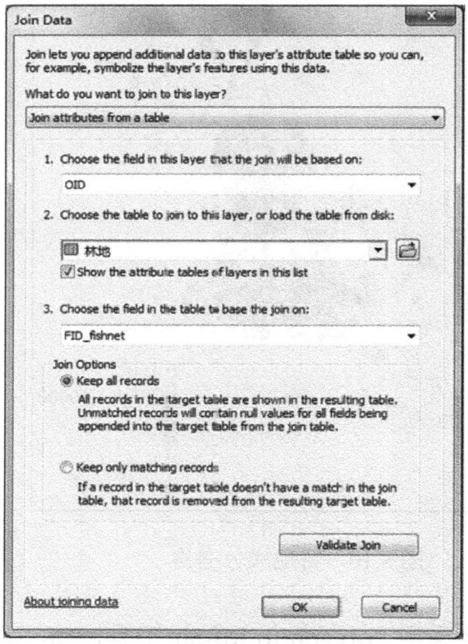

图 8.7　连接数据

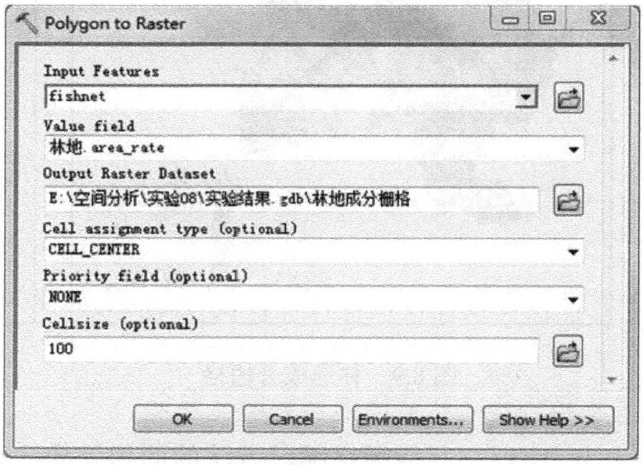

图 8.8　多边形转栅格

（10）将格网转为成分栅格数据。在 ArcToolbox 中，依次双击【Conversion Tools】→【To Raster】→【Polygon to Raster】，打开多边形转栅格工具。以格网 fishnet 作为输入数据，值字段选择“林地.area_rate”，输出命名为“林地成分栅格”，像元赋值方法采用像元中心法（CELL_CENTER），像元大小与格网大小保持一致（100m），点击【OK】，得到林地成分栅格数据（图 8.8）。

（11）浏览并分析数据。对上一步生成的栅格数据进行符号化（图 8.9），查询任一像元的值，并与其所在的格网多边形、地类图斑等进行直观分析，理解成分栅格的含义。

（12）重复以上（8）~（11）步，依次将耕地、草地、园地、城镇村及工矿用地、水域及水利设施用地等其他地类的数据转为成分栅格数据。最后加载行政区数据，结合成分栅格数据，制作各类土地的成分栅格图，观察各类土地的分布特征（图 8.9 和图 8.10）。

（13）对比分析。

a. 比较与矢量数据的面积差异。以耕地成分栅格数据为例，根据像元数量、像元平均值、像元面积，计算成分栅格中的耕地总面积，与矢量数据（地类图斑）中的耕地总面积进行对比。对比发现，两者的面积非常接近（差异的原因在于面积比例计算中进行了取整）。

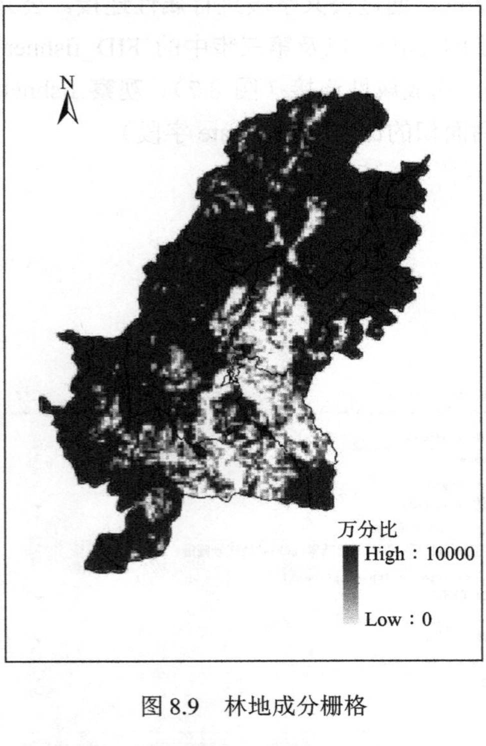

图 8.9　林地成分栅格

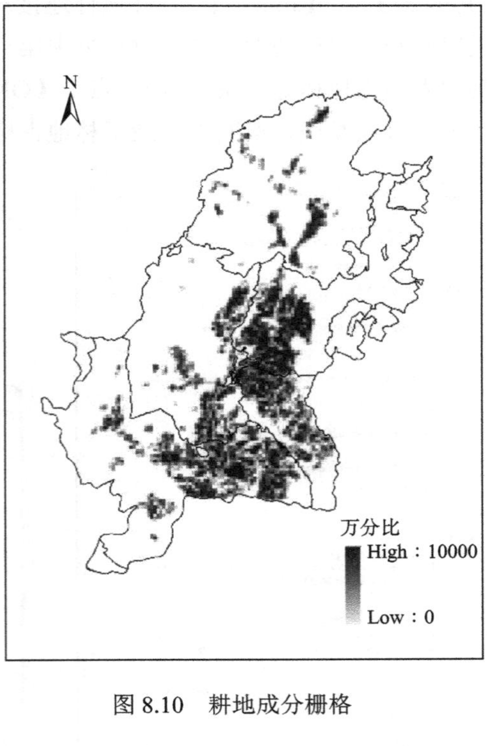

图 8.10　耕地成分栅格

b. 比较与其他栅格编码方法的面积差异。直接采用 Polygon to Raster 工具，将“地类图斑”数据分别按像元中心法和合并面积最大法，以地类编码（DLBM）作为属性字段，以 100m 作为像元大小，进行栅格转换。将生成的结果与成分栅格数据进行面积比较，分析不同栅格编码方法的特点。

六、实验说明

（1）建立格网前，应根据研究区范围、原始数据比例尺、应用目标等因素确定合适的格网大小。本实验中采用的是 100m 的格网，有兴趣的读者可设置 50m、10m 等不同大小的格网，观察其结果差异。

（2）成分比例可采用百分比或万分比，其目的是在保证数据足够精度（两位或四位小数）的情况下，可以采用整数作为栅格的数据类型。而整型栅格数据与同精度的双精度数据相比，数据文件小得多，从而可以降低栅格数据对存储空间的要求。

（3）将格网转为栅格数据时，栅格像元大小必须与格网大小保持一致。

实验九　栅格数据的叠加分析和邻域分析

一、实验目的

了解栅格数据叠加分析和邻域分析的基本原理，掌握栅格数据叠加分析和邻域分析的基本方法，能够结合 GIS 软件熟练地采用栅格叠加和邻域分析方法进行空间选址。

二、实验内容

以休闲度假区的空间选址为例，根据提供的 DEM、温度、湿度、道路、土地利用及景点资源数据，选择地势平坦、气候舒适、交通便利、距离景点较近，且具有一定规模的区域，作为休闲度假开发区。

三、实验原理与方法

实验原理：空间选址问题往往通过多因素加权叠加的方法来解决。将影响选址的因素进行栅格化处理，确定各因素在每个栅格像元上的作用强度（作用分），经加权叠加后进行适宜性分析，最终确定合理位置。本实验首先根据休闲度假项目的选址要求，选择地形、气候、交通、与现有景点的距离、土地利用等 5 个影响因素共 7 个指标构建评价的指标体系，对各因素的指标进行量化和标准化处理，得到作用分；因为每个因素和指标对于目标的重要程度不同，所以需要确定它们的权重。确定权重的常用方法有特尔菲法、因素成对比较法、熵权系数法等（表 9.1 是采用特尔菲法确定的每个因素和指标的权重）。最后对每个因素的作用分进行加权求和计算综合得分，在此基础上，通过邻域平滑处理、考虑建设区规模等因素，确定合适的休闲度假开发区。

表 9.1　评价指标体系及权重

目标层	因素层		指标层		综合权重
	指标	权重	指标	权重	
休闲度假区选址	地形因素	0.22	坡度	0.58	0.13
			起伏度	0.42	0.09
	气候因素	0.37	温度	0.63	0.23
			湿度	0.37	0.14
	交通因素	0.13	交通便利度	1.00	0.13
	景点因素	0.10	景点距离	1.00	0.10
	土地因素	0.18	土地利用	1.00	0.18

实验方法：首先根据 DEM 数据生成起伏度数据和坡度数据，利用距离分析方法分别对道路数据和景点资源数据生成交通便利度数据和景点距离数据。其次利用重分类方法根据对选址的作用程度对起伏度、坡度、温度、湿度、交通便利度、景点距离和土地利用数据，按 1~10 分进行量化和标准化处理。再次根据权重表进行加权叠加以确定研究区内各个像元的综合得分。最后，对数据进行平滑处理，根据休闲度假区开发的规模要求，提取适宜的休闲度假开发区域。实验流程见图 9.1。

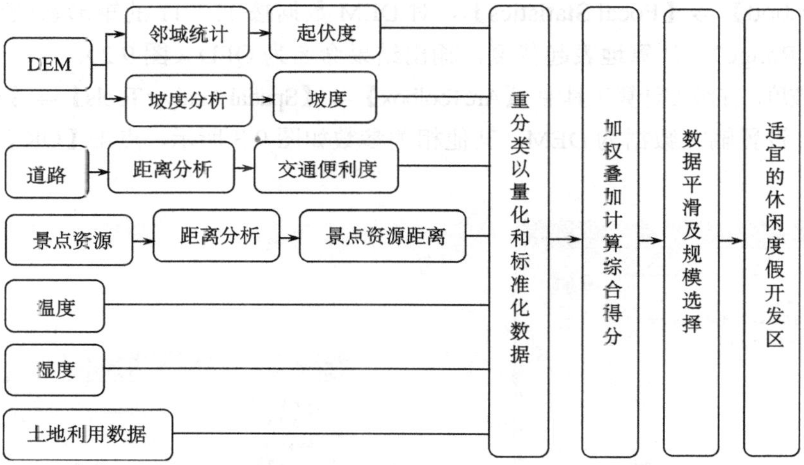

图 9.1　实验流程图

四、实验设备与数据

（1）实验设备：计算机。

（2）主要软件：ArcGIS 10。

（3）实验数据：“实验 09”文件夹下的相关数据，包括 DEM、温度（temperature）、湿度（humidity）、道路（road）、土地利用数据（DLTB）、景点资源（scenic）。

五、实验步骤

1. 设置分析环境

（1）加载实验数据。打开 ArcMap，加载 DEM、温度（temperature）、湿度（humidity）、道路（road）、土地利用数据（DLTB）、景点资源（scenic）数据。

（2）激活空间分析扩展模块。点击菜单【Customize】→【Extensions…】，在扩展工具列表中勾选 Spatial Analyst 复选框，激活该模块。

（3）创建地理数据库，存放实验结果。在 Catalog 中，右键点击实验 09 文件夹，选择【New】→【File Geodatabase】（或【Personal Geodatabase】），创建存放结果的地理数据库（实验结果.gdb）。

（4）打开 ArcToolbox，右键点击【ArcToolbox】→【Environments…】，打开环境设置（Environment Settings）对话框，在 Workspace 选项卡中将“实验 09\实验结果.gdb”设置为临时工作空间（Scratch Workspace）；将 Processing Extent 中的分析范围（Extent）、Raster Analysis 中的像元大小（Cell Size）和分析掩膜（Mask）均设置为与 DEM 一致。

2. 指标数据生成

（1）起伏度。利用邻域统计工具（【ArcToolbox】→【Spatial Analyst Tools】→【Neighborhood】→【Focal Statistics】），对 DEM 数据按 11×11 的矩形邻域范围统计邻域的值域（Range），计算地表起伏度，输出结果命名为 QFD（图 9.2）。

（2）坡度。在坡度计算工具中（【ArcToolbox】→【Spatial Analyst Tools】→【Surface】→【Slope】），设置输入数据为 DEM，其他相关参数如图 9.3 所示，点击【OK】，得到坡度数据 Slope。

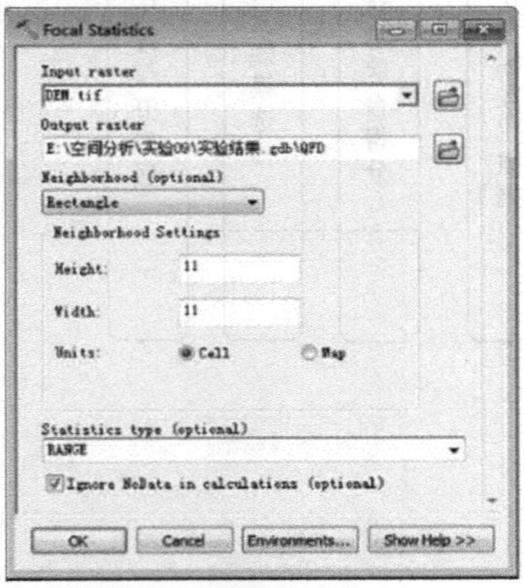

图 9.2　起伏度计算

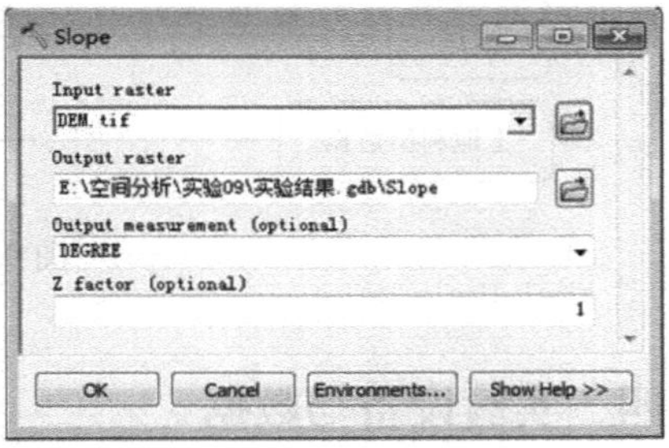

图 9.3　坡度计算

（3）道路和景点资源的距离。在欧氏距离计算工具中（【ArcToolbox】→【Spatial Analyst Tools】→【Distance】→【Euclidean Distance】），设置输入数据为 road，点击【OK】即可得到研究区的交通便利度数据（D_road）（图 9.4）；用同样的方法对景点数据 scenic 计算欧氏距离（D_scenic）（图 9.5）。

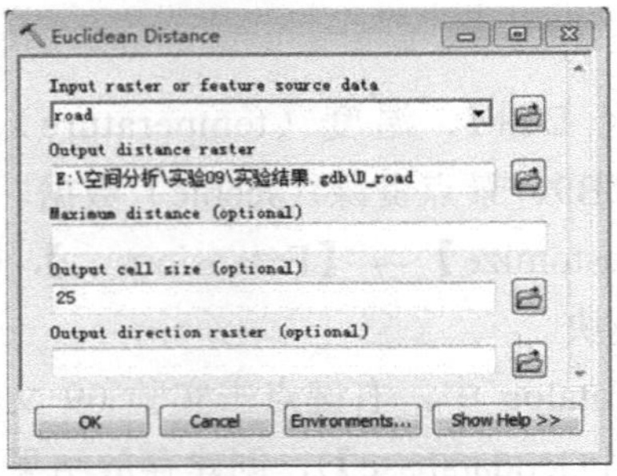

图 9.4　交通便利度计算

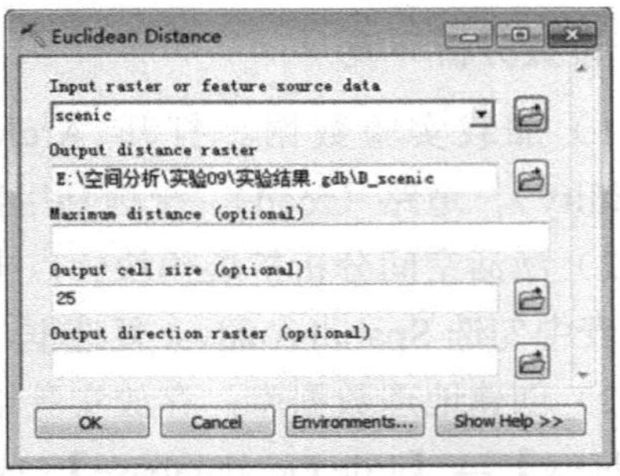

图 9.5　景点资源距离计算

3. 数据量化和标准化处理

（1）对 QFD、Slope、D_road、D_scenic 数据重分类。在重分类工具中（【ArcToolbox】→【Spatial Analyst Tools】→【Reclass】→【Reclassify】），利用自然断点法（Natural Breaks）将其分为 10 类。因为坡度越低、起伏度越小、距离道路越近、越毗邻景点的地方，越有利于发展休闲度假，所以赋值为 10；反之，越不利于发展休闲度假，赋值为 1。以 D_scenic 数据为例，重分类方法如图 9.6 和图 9.7 所示。同理，按相同方法对 QFD、Slope 和 D_road 数据进行重分类。重分类后的分值结果如图 9.8~图 9.11 所示。

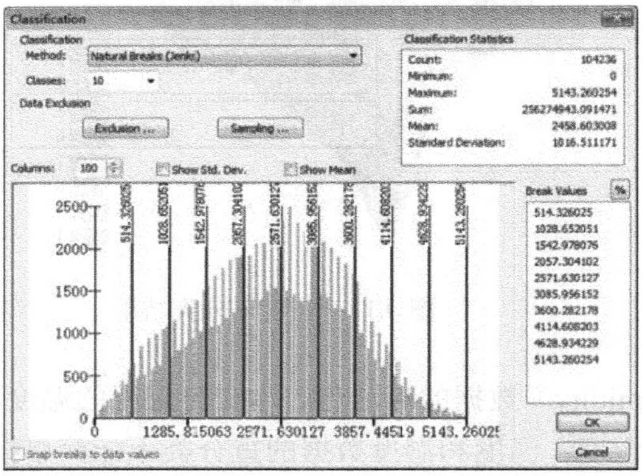

图 9.6　数据重分类分级设置

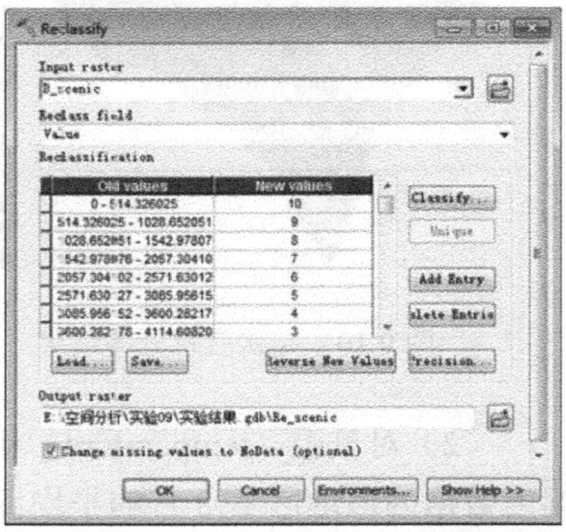

图 9.7　景点距离重分类赋值

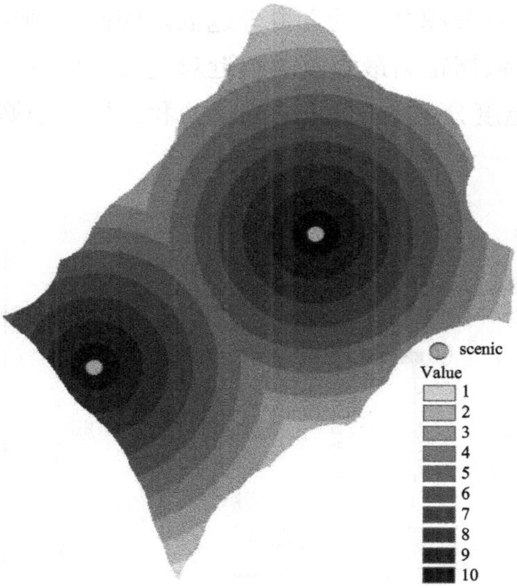

图 9.8　景点距离重分类结果

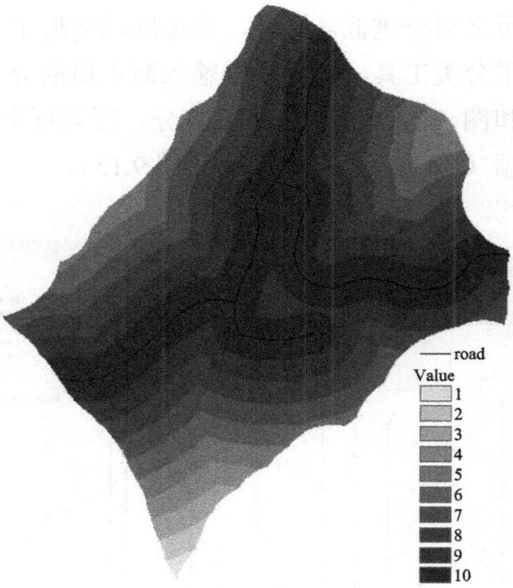

图 9.9　交通便利度重分类结果

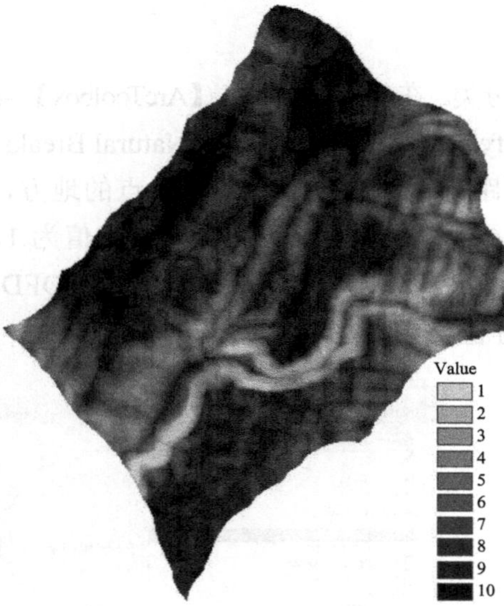

图 9.10　起伏度重分类结果

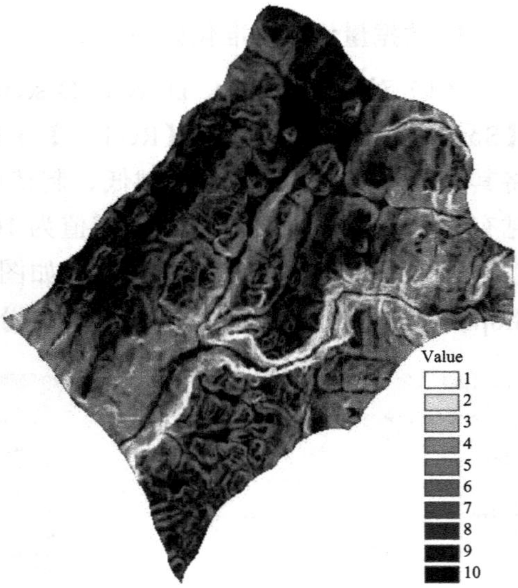

图 9.11　坡度重分类结果

（2）对气温（temperature）和湿度（humidity）数据的标准化。本实验采用的温度、湿度数据为该地区 7~8 月的平均温度、平均湿度。温度和湿度数据的重分类不能简单按照值越高（低）得分越高（低）的原则，因为人体感受到最舒适的温度和湿度分别是 22℃和 55%，过高或过低均会让人不适，所以对气温而言，当气温越接近 22℃时，得分越高，反之得分越低。同理，当湿度越接近于 55%时，得分越高，反之得分越低。因此，利用重分类工具，采用手工输入断点值的分类方式，依据距离最优值的远近对气温（图 9.12 和图 9.13）和湿度进行打分，得到标准化后的温度分值数据（Re_temp）和湿度分值数据（Re_hum）（图 9.14 和图 9.15）。

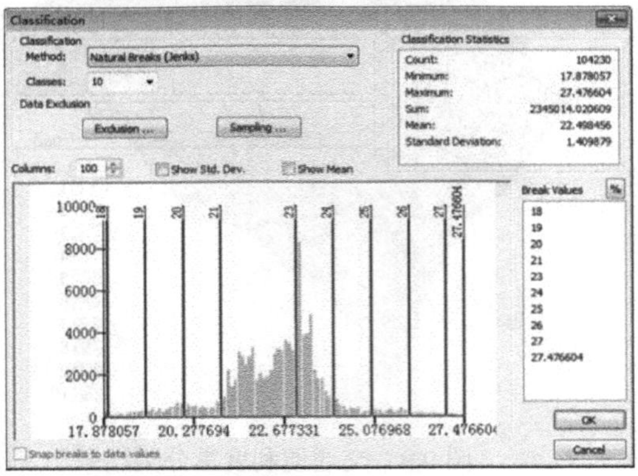

图 9.12　温度数据重分类分级设置

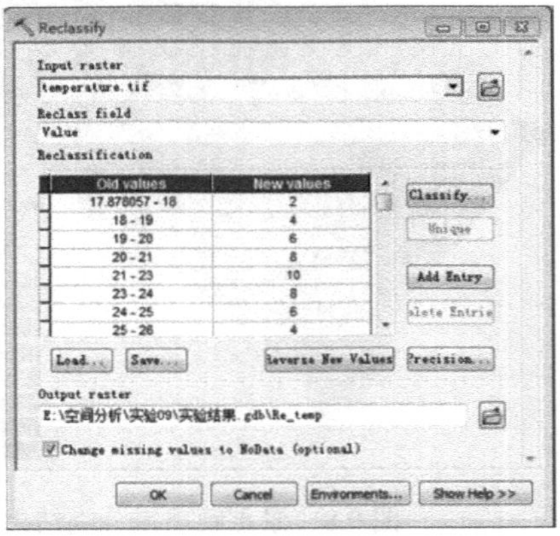

图 9.13　温度数据重分类

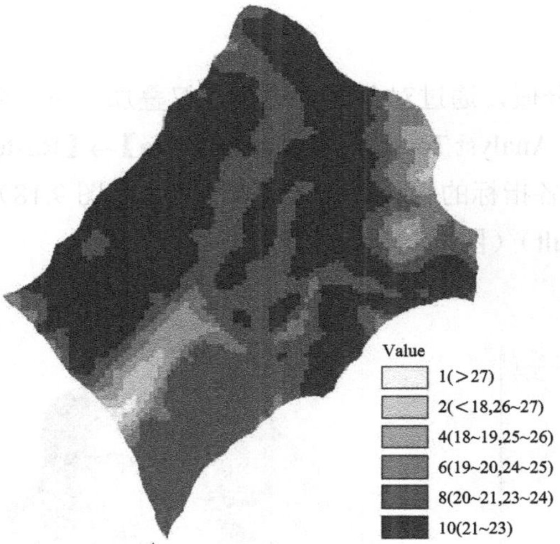

图 9.14　温度重分类结果

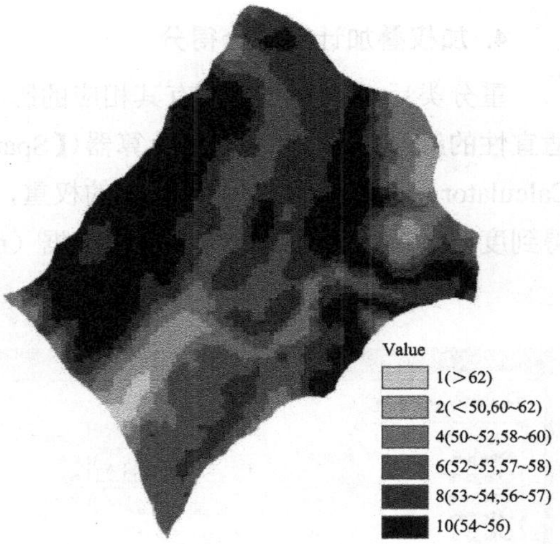

图 9.15　湿度重分类结果

（3）对土地利用数据的量化和重分类。不同的土地利用类型对休闲度假区开发的影响不同。例如，在裸地上修建的成本较低、适宜性较好，在耕地、园地、草地及林地上修建度假区的成本则相对较大，而在交通用地、水域及水利设施用地和建设用地上修建度假区是禁止的。为量化不同用地类型的适宜性程度，在重分类工具中，将交通用地、水域及水利设施用地和建设用地设为空值（NoData），将裸地、草地、耕地、园地和林地分别赋值 10、7、5、3 和 1（图 9.16），量化和重分类后的土地利用分值数据（Re_DLTB）如图 9.17 所示。

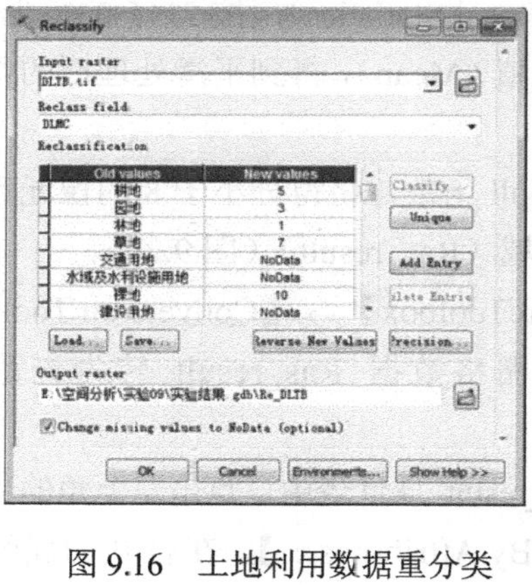

图 9.16　土地利用数据重分类

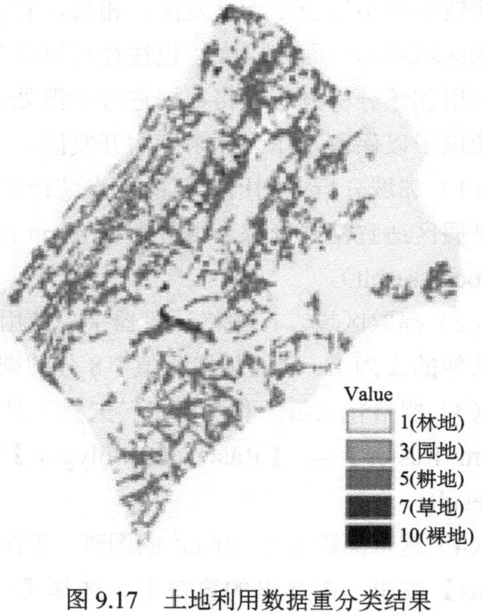

图 9.17　土地利用数据重分类结果

4. 加权叠加计算综合得分

重分类后，每个数据都有其相应的影响分值，通过对各因素进行加权叠加，可得到适宜性的综合得分。打开栅格计算器(【Spatial Analyst Tools】→【Map Algebra】→【Raster Calculator】)，参考表 9.1 中各指标的权重，对各指标的得分数据进行加权求和（图 9.18），得到度假区适宜性选址的综合评价数据（result）（图 9.19）。

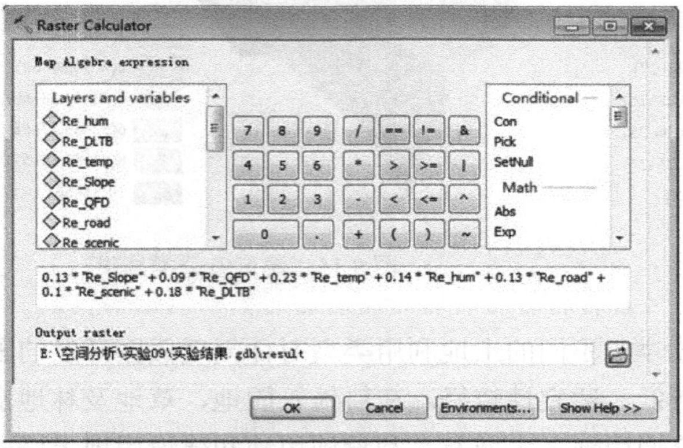

图 9.18　加权叠加分析

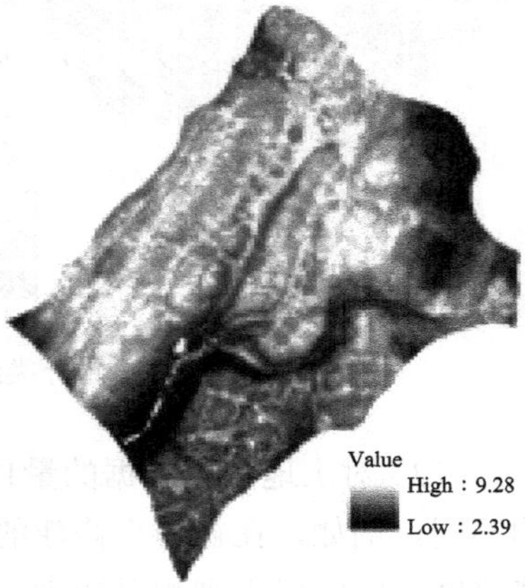

图 9.19　适宜性综合得分图

5. 数据平滑处理与区域提取（面积大于 $10hm^2$ 的图斑）

休闲度假区要求地块具有一定规模，综合得分最高的栅格像元可能因为其分布零散或面积较小而不适合作为开发区。相反，有些综合得分虽然不是很高，但因其毗邻得分较高的区域或本身面积较大，也往往可以作为开发区域。因此，需要在综合得分的基础上，采用邻域分析方法，将数据进行平滑处理后再对数据区域提取，将达到一定规模的连片图斑予以保留，作为休闲度假开发区。

（1）邻域分析。利用邻域的焦点统计工具（Focal Statistics），按 5×5 的矩形邻域，统计度假区适宜性评价综合得分数据 result 的平均值（Mean），得到平滑处理后的得分数据（Focal_result）。

（2）提取区域。在栅格计算器中，使用 SetNull 函数，将得分小于 8 的像元设为空值，其他的设为 1，从而提取分值≥8 分的栅格区域（Ras_result）（图 9.20）。

（3）栅格转矢量。利用栅格转矢量工具（【ArcToolbox】→【Conversion Tools】→【From Raster】→【Raster to Polygon】），将栅格数据 Ras_result 转为矢量数据 Fea_result。

（4）提取面积大于 $10hm^2$ 的图斑。先在 Fea_result 属性表中，点击左上角的【Table Options】按钮，在弹出的窗口下，选择【Select By Attributes...】，在打开的属性提取对话框中，选择面积大于 $10hm^2$ 的图斑（“Shape_area” >=100000），点击【Apply】按钮选中要素；然后右键点击 Fea_result 图层，在弹出的下拉菜单中选择【Data】→【Export Data…】，将选中的图斑输出为独立的数据（kfq.shp），作为最终确定的休闲度假开发区（图 9.21）。

（5）制图与分析。以 DEM 数据为基础制作底图，先叠加道路、景点等基础要素，再叠加开发区数据，制作专题地图，分析选址的合理性及存在的问题。

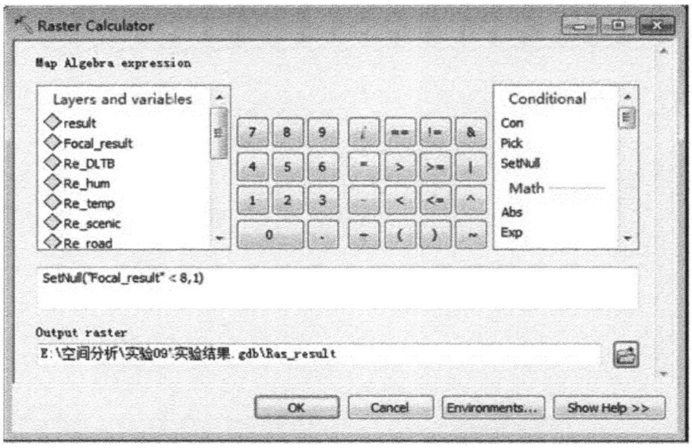

图 9.20　提取开发区域

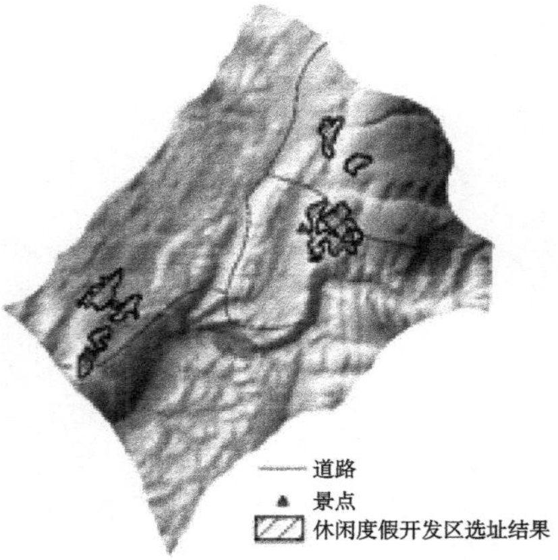

图 9.21　休闲度假开发区选址结果

六、实验说明

（1）实验中对数据的量化和标准化采用了重分类工具，按 1~10 分进行分级赋值，生成的是离散数据。实际应用中，可以按一定的数学方法，将原值按 0~100 进行数据映射计算，生成连续数据，可以更准确地量化和标准化数据。

（2）实验中对起伏度、坡度、交通便利度、景点距离的分类采用的是自然断点法，读者也可以在分析数据本身特点的基础上，结合选址对要素的要求，采用手工或其他方法进行分级赋值。

（3）对温度和湿度数据进行标准化时，可利用公式 $10-10\times|x-\text{best}|/\max|x-\text{best}|$ 来计算。式中，x 表示温度或者湿度数据；best 表示该数据的最优值；$\max|x-\text{best}|$ 表示温度或湿度数据与最优值的差值的最大值。

（4）在对土地利用数据（DLTB）进行重分类时，也可通过“Delete Entries”直接删除交通用地、水域及水利设施用地和建设用地类型，然后勾选“Change missing values to NoData（Optional）”选项将表中缺损的数据赋值为空值（NoData）。

（5）在用地规模分析中，邻域的大小、区域提取的分值界线对结果的影响较大，需要结合实地调查合理确定。

（6）在基于栅格的位置选择问题中，往往都会有面积规模的最低要求。对小区域的剔除，本实验采用了通过邻域平滑的方法来解决，对某些非数值型或整型数据，可以采用 ArcToolbox 空间分析工具箱栅格综合工具集中的众数滤波（Majority Filter）工具来处理。

实验十 地形表面的创建与应用分析

一、实验目的

了解表面创建的基本模式，掌握表面创建的基本方法，学会利用数字表面提取坡度等表面信息，并能够开展基于表面的应用分析。

二、实验内容

根据某区域的地形矢量数据（等高线与高程点），生成栅格 DEM；根据 DEM 及衍生的坡度数据，为土地利用数据中每个图斑输入坡度级别；以 DEM 数据为基础，开展剖面分析、通视性分析和视域分析；根据土地平整区域及平整面高程，确定挖方区和填方区，并计算挖方量和填方量。

三、实验原理与方法

实验原理：创建表面除了可以通过空间插值以外，还可以采用三角剖分模式。三角剖分是将输入数据中的所有点形成一个点集，通过对点集构建不规则三角网（TIN）来模拟表面。为分析方便，常常将 TIN 表面转换为栅格 DEM 表面。根据 DEM 数据，可以生成坡度数据进行坡度分析。土地利用数据库中，图斑的坡度级别是一个重要的属性信息。将图斑与坡度进行分区统计，获取每个图斑的平均坡度，根据坡度分级标准，即可为每个图斑输入坡度级别。剖面线是剖面与地形表面相切所生成的一条交线，可以直观反映出表面沿着某一方向的高程变化情况；根据 DEM 及视线，可以开展通视性分析。通视分析可以计算视线上每个点与观察点间的视角，并通过判断某一点的视角与视线前方各点视角之间的关系来确定两点之间是否有地形或地物遮蔽，从而分析两点间的通视情况；根据 DEM 及观光线路，可以开展视域分析来了解游客的可见区域。基于线路的视域分析先采用与通视分析相似的原理，计算线路上每个点的视域，然后将所有点的视域进行合并，即得到整条线路的视域。根据 DEM 可以进行挖填方的分析，它将 DEM 与平整高程面进行对比，高的区域为挖方区，低的则为填方区。挖填方量是一种基于 DEM 的体积计算，它将各像元的体积按立柱体积进行计算，再对各个像元的体积累积求和。实际应用中可通过对挖（填）方区内的平均高差与平面面积求积来获取挖（填）方量。

实验方法：根据高程点和等高线数据，生成 TIN，并将 TIN 转换为栅格 DEM；根据 DEM 生成坡度数据，采用分区统计方法统计每个图斑的平均坡度，根据图斑编号将统计表连接到图斑的属性表中，然后采用字段计算器，根据平均坡度和坡度分级标准，为每个图斑输入坡度级别（坡度常分为 5 级，0°~2°为 1 级，2°~6°为 2 级，6°~15°为 3

级，15°~25°为 4 级，大于 25°为 5 级）。在表面（DEM）上绘制生成一条剖面经过的线，然后生成剖面图；利用视线工具开展两点间的通视性分析，利用视域分析工具分析旅游观光线路的可见区域。根据土地平整范围及平整面高程，通过对 DEM 重分类得到挖方区和填方区，并进一步计算挖（填）方量。实验流程见图 10.1。

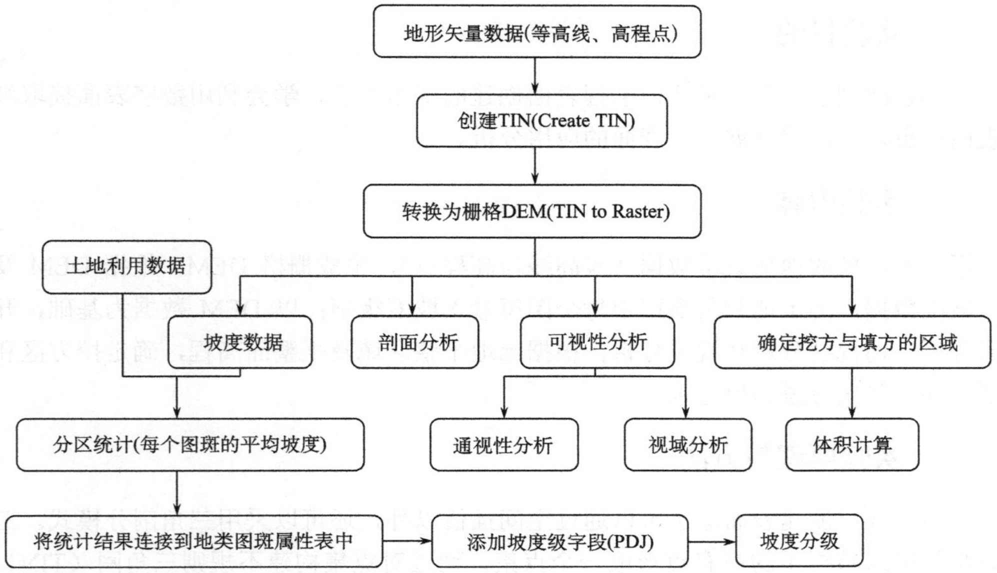

图 10.1　实验流程图

四、实验设备与数据

（1）实验设备：计算机。

（2）主要软件：ArcGIS 10 等。

（3）实验数据："实验 10"文件夹下的相关数据，包括研究区的高程点数据（高程点.shp）、等高线数据（等高线.shp）、观光线路数据（观光线.shp）、土地利用数据（地类图斑.shp）、土地平整区域数据（平整区域.shp）。

五、实验步骤

1. 创建研究区的栅格 DEM 表面

（1）加载数据。打开 ArcMap，加载等高线与高程点，浏览两个数据的属性表，认识高程数据所在的标识高程（BSGC）字段。

（2）激活模块。点击菜单【Customize】→【Extensions…】，勾选"3D Analyst"和"Spatial Analyst"，使这两个扩展模块处于激活状态。

（3）创建 TIN。在 ArcToolbox 中依次双击【3D Analyst Tools】→【Data Management】→

【TIN】→【Create TIN】。首先设置输出 TIN 的保存路径与名称，然后在输入要素类（Input Feature Class）中选择建立 TIN 所需的等高线数据和高程点数据，并分别设置其高程字段（Height Field）为保存高程值的标识高程字段（BSGC），最后点击【OK】，生成 TIN（图 10.2）。浏览 TIN，理解 TIN 的构成。

（4）转换为栅格表面。在 ArcToolbox 中依次双击【3D Analyst Tools】→【Conversion】→【From TIN】→【TIN to Raster】。首先输入上一步生成的 TIN 数据并设置输出路径与名称，然后在采样距离（Sampling Distance）中将像元大小设为 10m，其余采用默认值，最后点击【OK】，生成栅格 DEM 数据（图 10.3）。浏览 DEM 数据，了解该区域的地表基本形态。

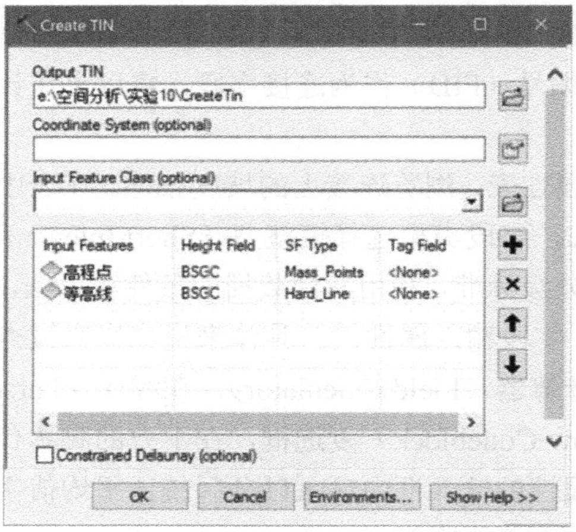

图 10.2　生成 TIN 表面

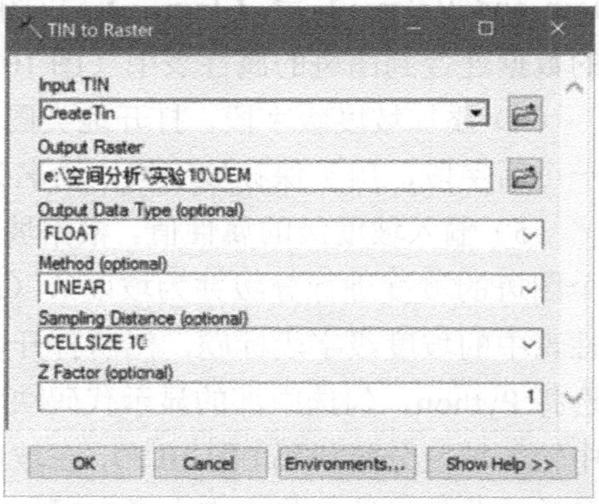

图 10.3　将 TIN 转换为栅格 DEM

2. 为图斑输入坡度级别

（1）计算坡度。在 ArcToolbox 中依次双击【3D Analyst Tools】→【Raster Surface】→【Slope】（或【Spatial Analyst Tools】→【Surface】→【Slope】），打开坡度计算工具，输入上一步生成的 DEM 数据并设置坡度数据的输出路径与名称，其余采用默认值，点击【OK】，生成研究区的坡度数据（图 10.4）。浏览坡度数据，了解该区域的坡度分布状况。

（2）统计每个图斑的平均坡度。加载土地利用数据（地类图斑.shp），并在 ArcToolbox 中依次双击【Spatial Analyst Tools】→【Zonal】→【Zonal Statistics as Table】，打开分区统计工具。在输入分区数据（Input raster or feature zone data）中选择“地类图斑”，在分区字段（Zone field）中选择 FID，在输入赋值栅格（Input value raster）中输入坡度数据，然后设置输出路径与名称，在统计类型（Statistics type）中选择平均值（MEAN），点击【OK】，完成对每个图斑平均坡度的统计（图 10.5）。浏览统计表，理解表格中各字段的意义。

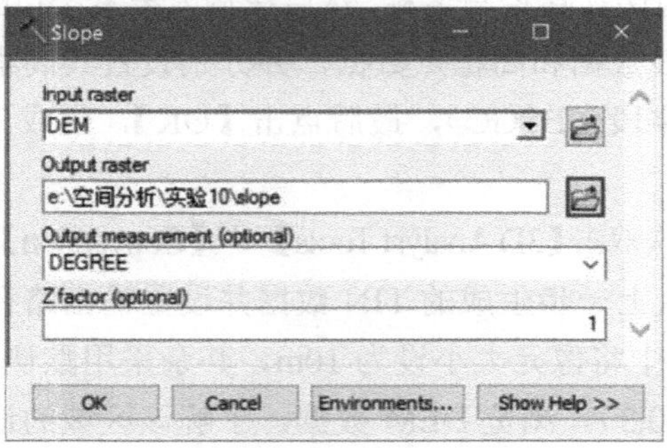

图 10.4　生成坡度数据

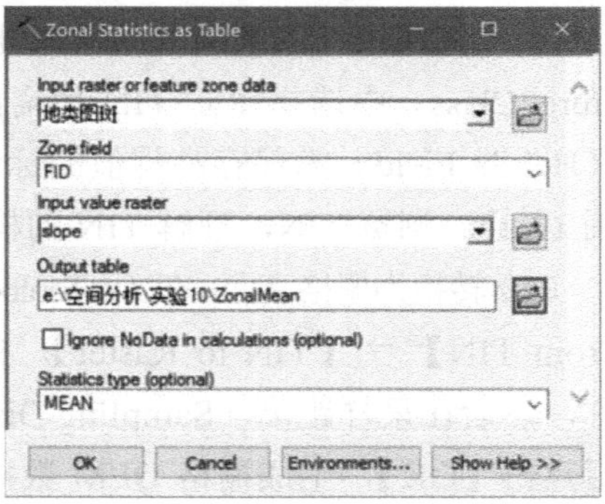

图 10.5　分区统计各图斑的平均坡度

（3）属性连接。在左侧的内容表中，右键点击地类图斑图层，在弹出的菜单中选择【Join and Relates】→【Join...】，以图斑的编号（FID）作为连接字段，将以上统计表中的数据连接到图斑的属性表中（图 10.6）。

（4）添加坡度级字段。打开地类图斑的属性表，浏览连接上的坡度数据。在表中添加一个新字段，用于保存坡度级，命名为 PDJ，字段类型选择短整型（Short Integer）。

（5）输入坡度级的属性值。根据坡度的分级标准，利用属性数据的条件输入法，对每个图斑的坡度进行分级并为坡度级（PDJ）字段输入属性值。具体来说，先右键点击属性表中的坡度级字段标题，然后打开字段计算器（Field Calculator），在程序（Parser）处选择 Python，勾选中部的显示代码块（Show Codeblock）复选框，在下方的脚本代码框中输入坡度分级代码（图 10.7），在坡度级属性的输入框中输入以分区统计平均值字段为参数的分级函数，最后点击【OK】，完成坡度级的输入。

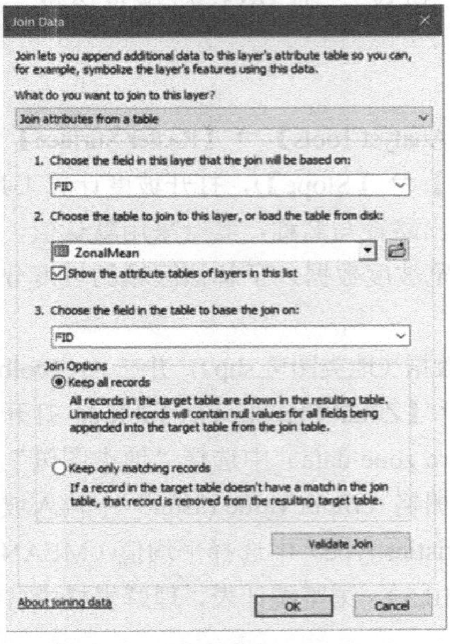

图 10.6　属性连接输入平均坡度

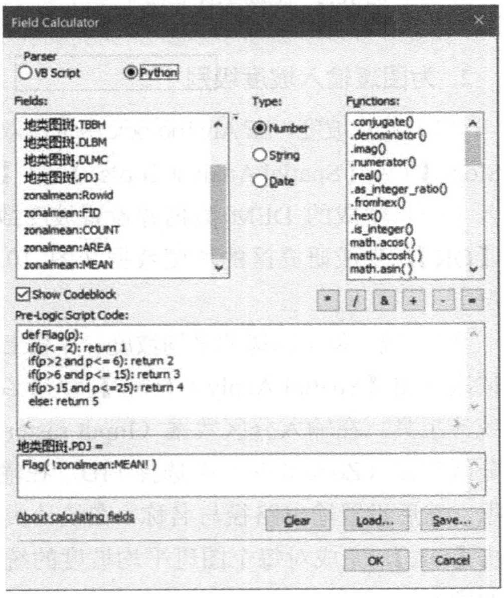

图 10.7　计算坡度级别

3. 剖面分析

在 ArcMap 中，可以采用 3D Analyst 工具条中的 Create Profile Graph 工具绘制剖面图。先打开 3D Analyst 工具条，在工具条上的图层下拉框中选择前面生成的 DEM 或 TIN 表面，点击三维线插入（Interpolate Line）按钮，在表面上绘制一条剖面经过的折线，双击结束以后，点击工具条的剖面图生成工具（Point Profile），在下拉菜单中点击剖面图（Profile Graph），即可生成一个如图 10.8 所示的地形剖面图。右键点击剖面图，可以对该图进行打印、复制、保存、输出、属性修改等操作。

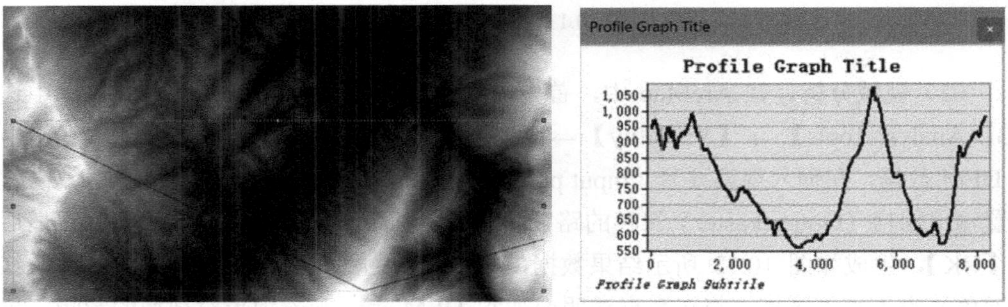

图 10.8　地形剖面图的绘制

4. 可视性分析

（1）通视性分析。在 ArcMap 中，在 3D Analyst 工具条上选择表面图层，点击创建视线工具（Create Line of Sight）按钮，在弹出的对话框中，将观察点的高程偏差值（Observer offset）设置为 50（模拟观测塔的高度为 50m），目标点的高程偏差值（Target offset）保留默认值 0（图 10.9）。用鼠标在表面上依次点击两个点作为观测点和目标点，两点间自动生成一条红绿相间的视线，其中红色部分表示本段视线位置相对于观察点不可见，绿色部分表示可见（图 10.10）。另外，点击工具条上的剖面图工具，可以通过创建两点的通视性剖面图更加直观体现出视线上各点的可视性（图 10.11）。

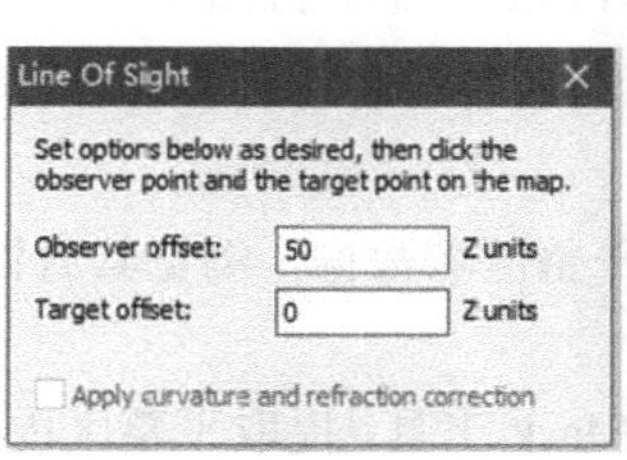

图 10.9　设置高程偏差值

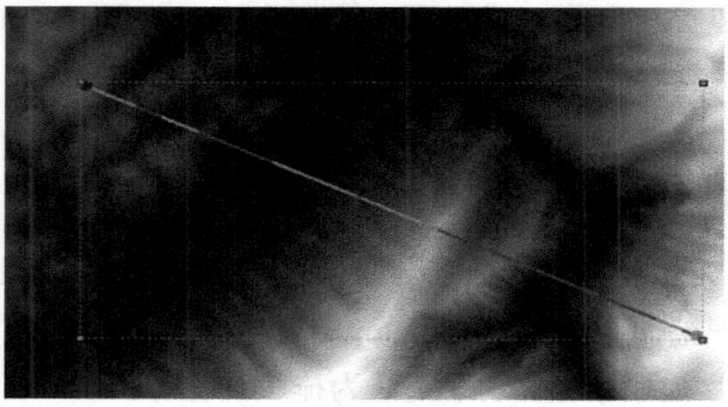

图 10.10　通视性分析

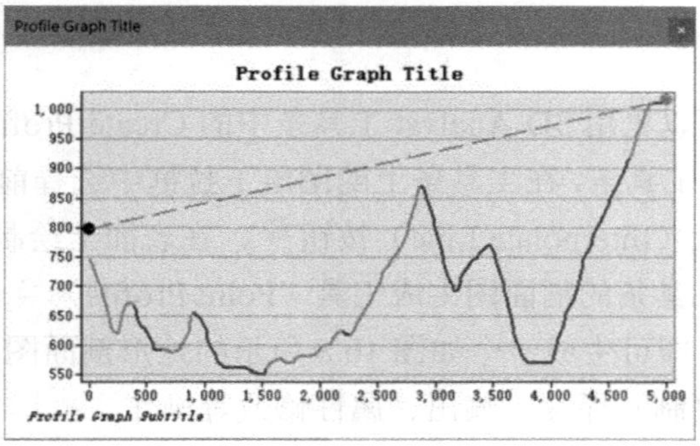

图 10.11　通视性剖面图

（2）视域分析。在 ArcMap 中，首先加载观光线数据，然后在 ArcToolbox 中选择【3D Analyst Tools】→【Visibility】→【Viewshed】，打开视域工具，在输入栅格中选择 DEM 数据，在输入观察要素（Input point or polyline observer features）中选择观光线，设置输出栅格（Output raster）保存的路径和名称，其余采用默认值（图 10.12），最后点击【OK】，生成如图 10.13 所示结果数据，其中的绿色（浅色）部分为可见区域，红色（深色）为不可见区域。将该数据透明叠加到 DEM 上，观察地形对视域的影响，思考观光线路的设计如何避开不想见到的要素（如工厂）、如何尽可能多的见到周边想见的要素（如风光）。

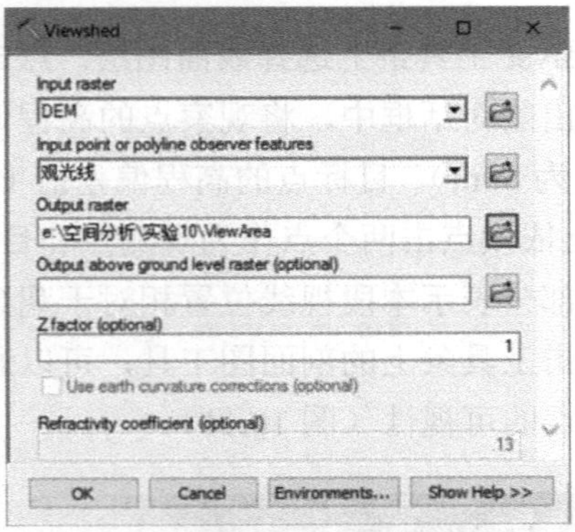

图 10.12　视域分析

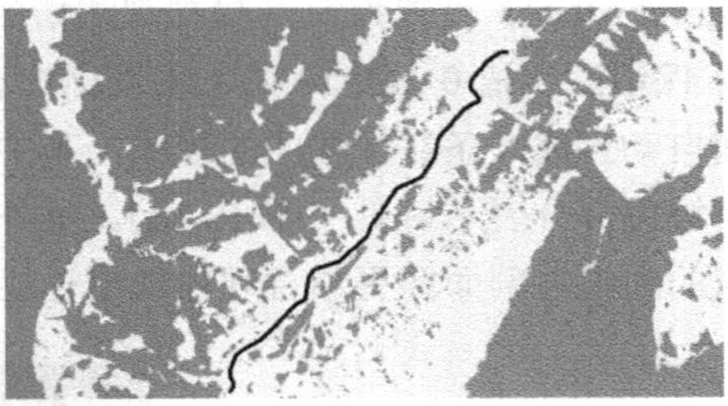

图 10.13　视域分析结果

5. 确定挖填方区域和挖填方量

（1）加载并了解数据。在 ArcMap 中，加载土地平整区域数据，浏览其属性表，了解土地平整的高程基准（630m）。

（2）提取数据。以平整区为掩膜，采用 Extract by Mask 工具，提取平整区内的 DEM 数据（图 10.14）。

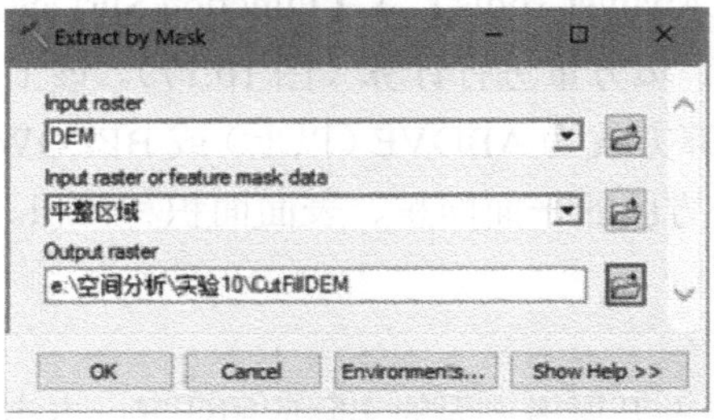

图 10.14　提取平整区 DEM

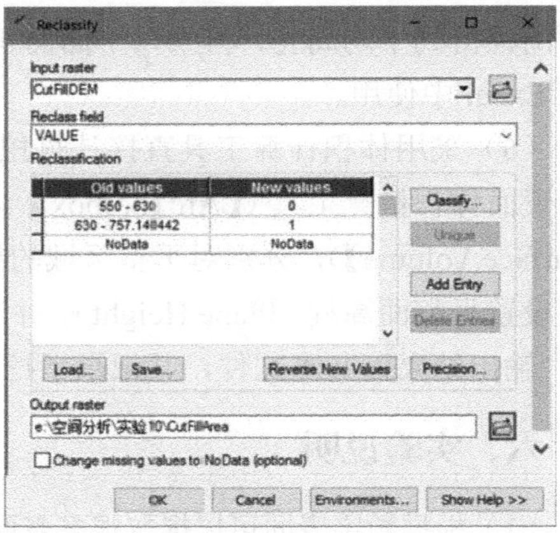

图 10.15　对平整区 DEM 进行重分类

（3）确定挖填方区。对提取的 DEM 进行重分类（【ArcToolbox】→【Spatial Analyst Tools】→【Reclass】→【Reclassify】），将高于平整面高程（630m）的区域赋值为 1，为挖方区；低于平整面高程的区域赋值为 0，为填方区（图 10.15），从而得到挖填方区域数据。

（4）分区统计 DEM。打开 ArcToolbox 中的分区统计工具（Zonal Statistics as Table），输入上一步生成的挖填方区域数据作为分区数据，分区字段为 VALUE，在输入赋值栅格（Input value raster）中输入平整区的 DEM 数据作为被统计数据，设置输出表格保存的路径与名称，并在统计类型（Statistics type）中选择【ALL】，最后点击【OK】，得到挖填方区的高程统计表格（图 10.16）。

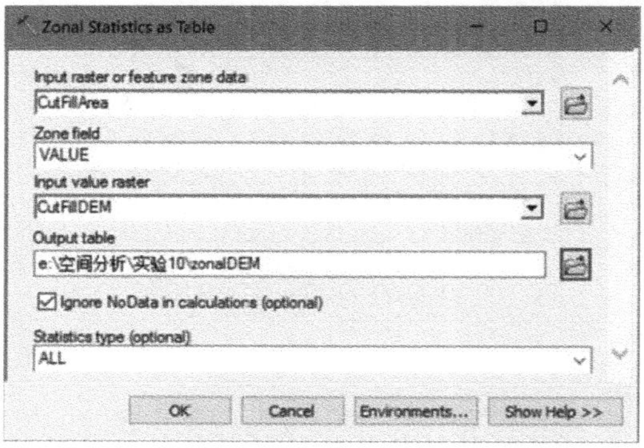

图 10.16　分区统计挖填方区的 DEM

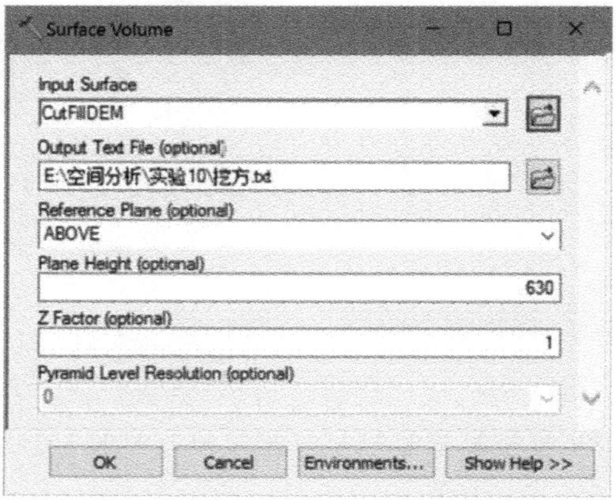

图 10.17　采用 Surface Volume 工具进行体积量算

（5）计算挖填方量。打开统计表，浏览挖填方区的面积和平均高程。在表中添加一个双精度型（Double）字段（Volume）用于保存体积（挖填方量），采用栅格计算器为该字段计算属性值。值的计算式为[AREA] *（[MEAN] - 630），即采用平均高程减去平整面高程得到平均高差，再乘以平面面积得到体积。必要时，可将该表输出为 dbf 文件，并在 Excel 中使用。

（6）采用体积计算工具直接计算挖（填）方量。读者还可以直接利用 ArcToolbox 中的表面体积量算工具（【ArcToolbox】→【3D Analyst Tools】→【Function Surface】→【Surface Volume】），分别对平整区域的挖方量、填方量进行计算（图 10.17）。该工具中需要设置平整面高程（Plane Height），并选择计算方式为 ABOVE（以上）或 BELOW（以下），输出结果为文本文件，其记录了挖（填）方区的平面面积、表面面积和体积。

六、实验说明

（1）根据数字表面可以提取很多表面信息，并开展多方面的实际应用研究。本实验只列举了其中的少部分，读者可以思考如何更充分地挖掘 DEM 的价值。

（2）土地平整工程中，最理想的平整方案是挖填方量相等。请思考如何确定合理的平整高程基准面，使得挖方量与填方量尽可能平衡，以减小土方的外运（运出或输入）。

（3）两种体积量算方法得到的结果有差异，读者可以仔细比较并分析差异产生的原因。

（4）实验过程中因使用的 ArcGIS 版本、文件命名规则等方面的差异，某些过程可能会报错，在核查无其他因素引起错误的情况下，可以尝试新建一个 Geodatabase 并将结果保存在其中、采用英文或拼音代替中文命名等方式来解决问题。

实验十一　地形特征要素的提取

一、实验目的

了解地形特征要素的提取原理，熟练掌握栅格数据的邻域统计、栅格叠加、重分类、水文分析、表面分析等空间分析方法。

二、实验内容

根据某地的 DEM 数据，提取常用的地形特征要素，包括山顶顶点与洼地底点、山脊线与山谷线，以及鞍部。

三、实验原理与方法

1. 实验原理

地形特征要素是对地表空间形态特征具有控制作用的点、线或面状要素，包括山顶顶点、洼地底点、鞍部等特征点，山脊线、山谷线、山麓线、沟沿线、阶地线等特征线，以及平原、台地、丘陵、山地等特征面，这些要素在地形及相关研究中具有重要作用。本实验主要探讨山顶顶点、洼地底点、鞍部，以及山脊线和山谷线的提取方法。

山顶顶点与洼地底点的提取是通过将每一个像元与其邻域像元的极值进行对比而获得的。若某一像元与其邻域像元的最大值一致，则该像元是邻域内的最高点，即山顶顶点；若与其邻域内的最小值一致，则该像元是邻域内的最低点，即洼地底点。鞍部所处的像元在所在的山脊方向上是相对的低值，在所在的山谷方向是相对的高值，也可以认为鞍部是山脊线与山谷线的交点。

山脊线与山谷线的提取方法多样，原理也不尽相同。基于坡向变率的提取方法是源于山脊线与山谷线所在位置的坡面方向有较大的变化。山脊线是正地形中坡向变率较大的地方，山谷线是负地形中坡向变率较大的地方。因为坡度可以反映要素属性值在空间的变化程度，所以可以通过对坡向求取坡度（slope of aspect，SOA）来反映坡向变率。在正北方向两侧的坡向，其变化率存在问题，因此可通过反地形将其转换到正南方向来求取坡向变率。计算时可采用如下公式来求取无误差的坡向变率：SOA=[（SOA1+SOA2）– abs（SOA1–SOA2）]/2，式中的 SOA1 和 SOA2 分别为原地形和反地形的坡向变率。基于平面曲率的提取源于对等高线弯曲状况的分析，将平面曲率的较大值与正负地形相结合来进行提取，正地形上平面曲率较大的像元连线即为山脊线，负地形上平面曲率较大的像元连线即为山谷线。基于汇流量的提取方法源于水文分析。山脊线是分水线，汇流量为 0，而山谷线既是汇水线，又是反地形中的山脊线。通过提取正反地形中汇流量为 0

的区域即可找出山脊线和山谷线。

正负地形之分是基于邻域比较而得到的不同相对位置的地表区域。正地形是地形中相对高于邻接区域的部分，如山顶、山脊区域等；负地形是地形中相对低于邻接区域的部分，如洼地、山谷区域等。反地形是相对于原地形而言的，是原地形的倒置。它往往采用某一常量（如原地形最高点的高程值）减去原地形而得到。原地形中的山脊、山谷、山顶、洼地，在反地形分别成为山谷、山脊、洼地、山顶。

2. 实验方法

（1）提取山顶顶点与洼地底点。先对 DEM 采用邻域最大值统计，再将统计结果与 DEM 数据相减，然后提取值为 0 的像元，将其转换为矢量的点，即得到山顶顶点，最后对顶点进行符号化和手工去伪处理。洼地底点提取的方法与山顶顶点相似，不同之处在于邻域统计时采用最小值（图 11.1）。

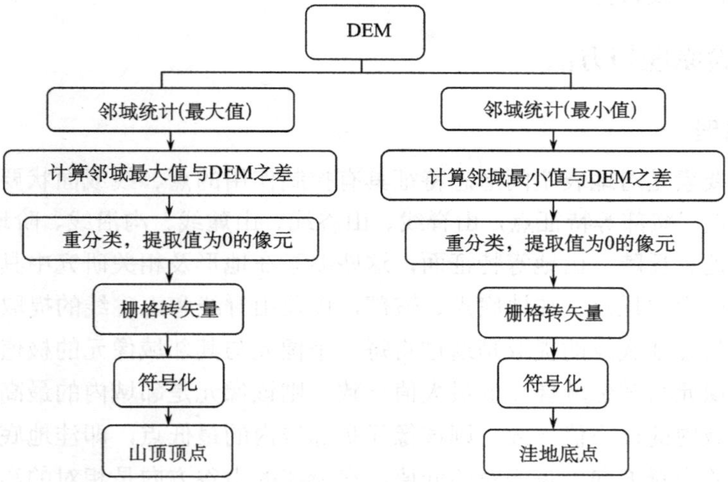

图 11.1　山顶顶点与洼地底点提取实验流程图

（2）基于坡向变率提取山脊线与山谷线。先利用 DEM 数据通过邻域统计获得正负地形分布区域，然后计算原地形和反地形的坡向变率，经纠正后得到无误差的坡向变率，最后采用栅格计算器，分别提取正、负地形中坡向变率较大的区域即为山脊线和山谷线（图 11.2）。

（3）基于水文分析提取山脊线、山谷线、鞍部。先对 DEM 进行洼地填充，计算水流流向，计算汇流累积量，提取汇流量为 0 的像元，将其转换为矢量数据即得到山脊线；然后根据 DEM，生成反地形，对反地形采用与山脊线提取相同的方法进行山谷线提取；最后将山脊的栅格像元与山谷的栅格像元求交，所得结果转换为矢量的点，即得到鞍部（图 11.3）。

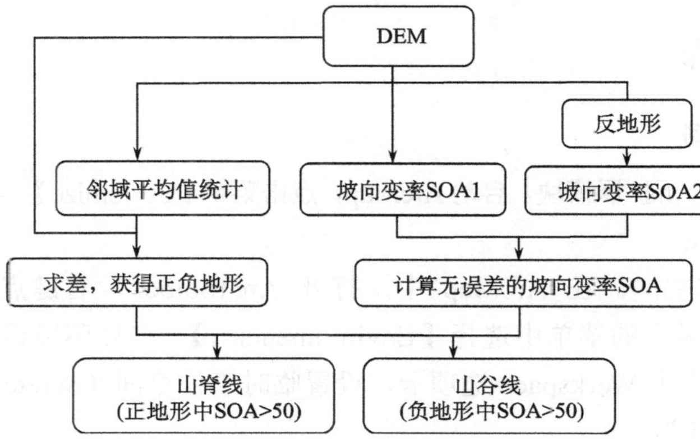

图 11.2　基于坡向变率的山脊线和山谷线提取实验流程图

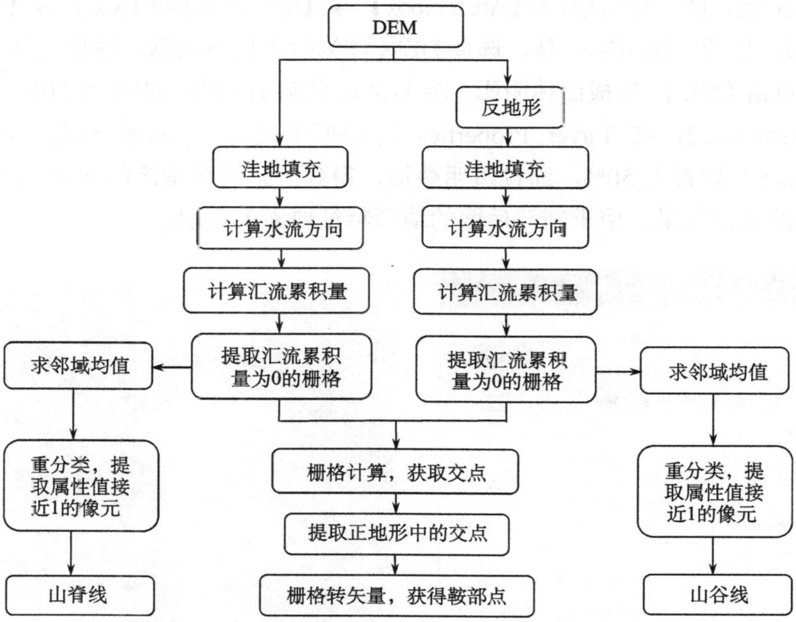

图 11.3　基于水文分析的山脊线、山谷线和鞍部提取实验流程图

四、实验设备与数据

（1）实验设备：计算机。

（2）主要软件：ArcGIS 10 等。

（3）实验数据：“实验 11”文件夹下 Terrain 地理空间数据库中的 DEM 数据。

五、实验步骤

1. 实验前期准备

（1）激活空间分析扩展模块。启动 ArcMap，点击菜单【Customize】→【Extensions…】，勾选“Spatial Analyst”。

（2）设置工作空间。在 ArcMap 中，打开 ArcToolbox，右键点击工具箱顶部的【ArcToolbox】，在弹出的菜单中选择【Environments…】，打开环境设置（Environment Settings）对话框，点击 Workspace 选项卡，设置临时工作空间（Scratch Workspace）为“实验 11\Terrain.gdb”。

（3）加载数据。在 ArcMap 中加载“实验 11”中的 DEM 数据，并对其进行符号化（建议采用红蓝过渡的彩色）。

（4）制作地形图。先依次双击【ArcToolbox】→【Spatial Analyst Tools】→【Surface】→【Hillshade】，打开山体阴影工具，选择 DEM 作为输入栅格数据，输出文件命名等都采用默认值，点击【OK】，生成山体阴影（图 11.4）。然后右键点击刚生成的山体阴影图层，选择【Properties…】，在 Layer Properties 对话框中选择 Display 标签，将其透明度（Transparency）设置为 50%，通过透明叠加，得到一张地形晕渲图（图 11.5）。该图便于观察地形的立体效果，用于辅助后面的地形特征要素的提取。

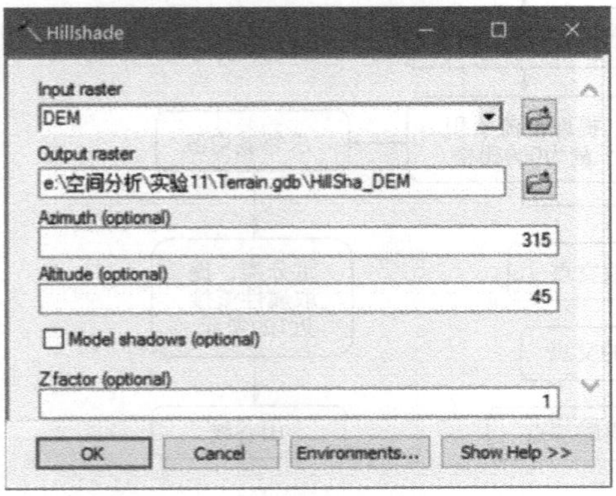

图 11.4　生成山体阴影

图 11.5　地形立体效果图

2. 提取山顶顶点与洼地底点

（1）邻域最大值统计。打开邻域统计工具（【ArcToolbox】→【Spatial Analyst Tools】→【Neighborhoo】→【Focal Statistics】），以 DEM 数据为输入，输出数据命名为 MaxDEM，采用 15×15 的矩形（Rectangle）邻域，统计类型（Statistics type）选择最大值（MAXIMUM）（图 11.6）。

（2）栅格叠加。打开栅格计算器（【ArcToolbox】→【Spatial Analyst Tools】→【Map

Algebra】→【Raster Calculator】)，在计算器的文本框中输入"MaxDEM" - "DEM"，输出文件命名为“Difference”，点击【OK】后生成邻域最大值统计数据与原始 DEM 数据的差值数据（图 11.7）。

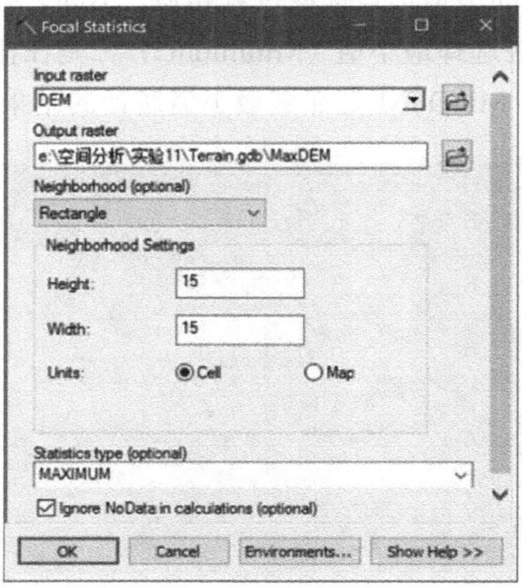

图 11.6　统计邻域最大值

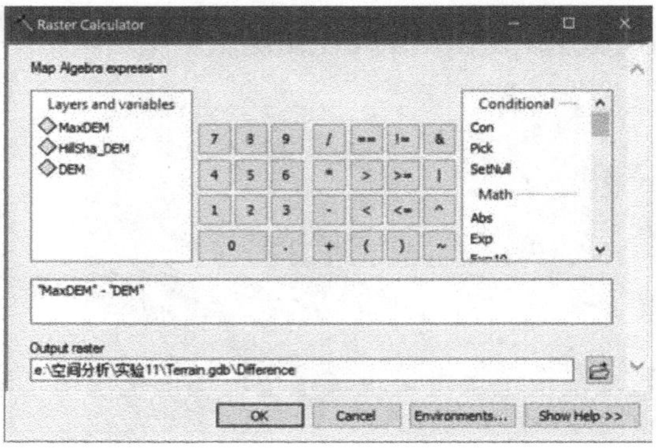

图 11.7　计算邻域最大值与 DEM 之差

（3）重分类栅格提取顶点像元。打开重分类工具(【ArcToolbox】→【Spatial Analyst Tools】→【Reclass】→【 Reclassify】)，选择“Difference”作为输入数据，将值为 0 的像元设置“1”，其余设为“NoData”，输出名为“TopPoint”（图 11.8）。

（4）将栅格转换为矢量的点数据。打开“栅格转点”工具（【ArcToolbox】→【Conversion Tools】→【From Raster】→【Raster to Point】)，以 TopPoint 作为输入要素，输出命名为“Peak”，点击【OK】，生成山顶顶点（图 11.9）。对顶点进行符号化，修改点的形状和颜色使其更加清晰。图 11.10 是山顶顶点的提取结果。

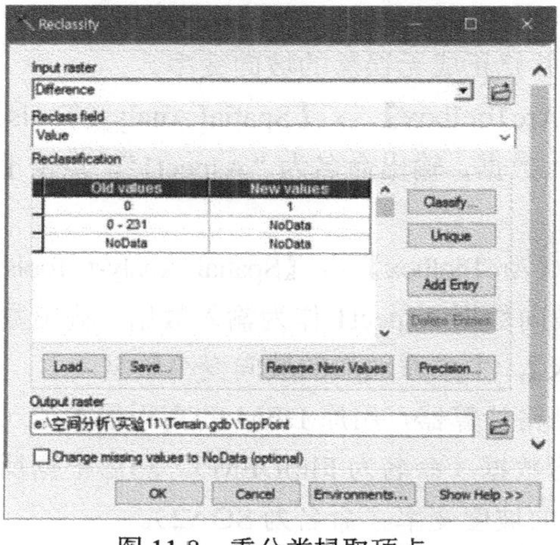

图 11.8　重分类提取顶点

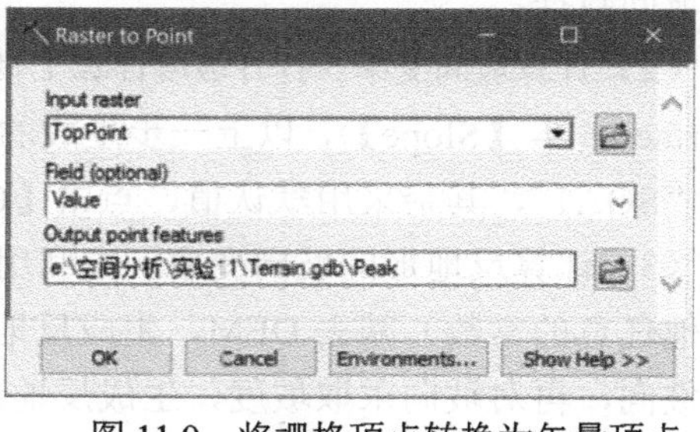

图 11.9　将栅格顶点转换为矢量顶点

（5）以上提取的结果存在两个方面的主要问题：一是部分平山顶可能出现两个或两个以上的顶点；二是图边缘存在伪顶点。因此需要对照地形，对提取结果进行必要的人工处理，将多余的顶点手工删除。

（6）提取洼地底点。洼地底点的提取与以上的山顶顶点提取过程相似，不同之处有两个方面：一是在邻域统计对话框内，统计类型应选择最小值（Minimum）；二是在栅格计算器中，文本框内应输入"DEM" - "MinDEM"。MinDEM 是邻域最小值统计的结果。

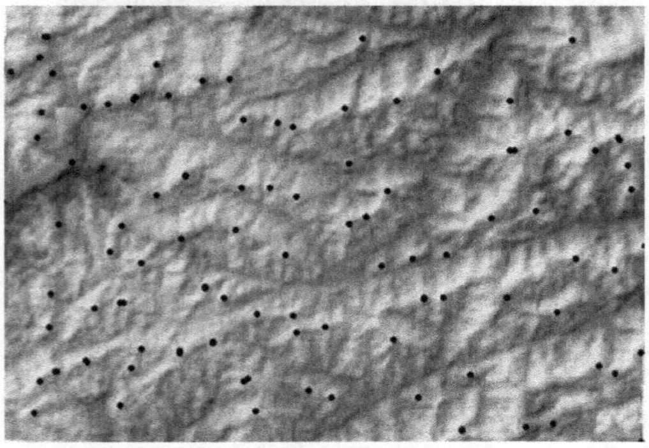

图 11.10　山顶顶点提取结果

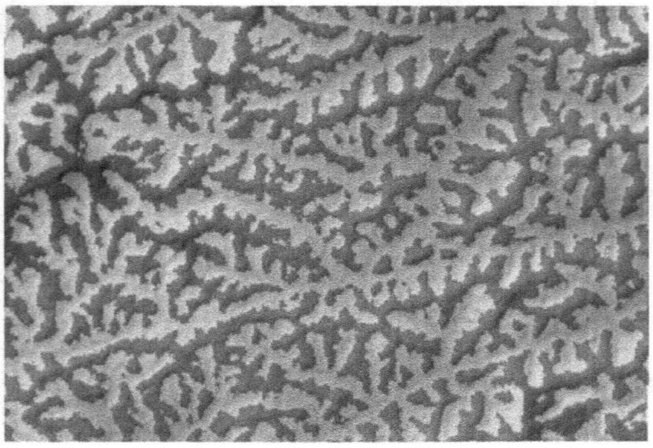

图 11.11　正负地形提取

3. 基于坡向变率提取山脊线和山谷线

1）生成正负地形数据

先打开邻域统计工具，选择 DEM 作为输入数据，输出命名为“MeanDEM”，采用 15×15 的矩形（Rectangle）邻域，统计类型选择平均值（Mean）；然后使用栅格计算器，计算 DEM 与 MeanDEM 之差（"DEM" - "MeanDEM"），输出数据命名为“DiffMean”。该数据中，值大于 0 的区域为正地形，值小于 0 的区域为负地形（图 11.11）。

2）提取坡向变率

分别求取原地形和反地形的坡向变率，并修正成无误差的坡向变率。

（1）计算坡向。打开坡向计算工具（【ArcToolbox】→【Spatial Analyst Tools】→【Surface】→【Aspect】），以 DEM 作为输入数据，输出命名为“Aspect1”，点击【OK】生成坡向数据。

（2）计算坡向变率。打开坡度计算工具（【ArcToolbox】→【Spatial Analyst Tools】→【Surface】→【Slope】），以上一步生成的坡向数据 Aspect1 作为输入数据，输出数据命名为“SOA1”，其余采用默认值，点击【OK】，生成原地形的坡向变率数据。

（3）计算反地形的坡向变率。先利用栅格计算器，用原 DEM 的高程最大值（784，或其他任意的常数）减去 DEM，生成反地形数据（命名为 FlipDEM），然后根据反地形计算坡向，再对坡向求取坡度，生成反地形的坡度变率（命名为 SOA2）。

（4）坡向变率修正。使用栅格计算器，在文本框中输入下式计算无误差的坡向变率SOA：(("SOA1" + "SOA2") - Abs ("SOA1" - "SOA2")) / 2。

3）提取山脊线、山谷线

（1）确定 SOA 阈值。对照地形底图，分析山脊和山谷所在位置的坡向变率，找出一个合理的 SOA 阈值作为山脊（山谷）的判断准则。本实验采用 50 作为阈值。

（2）提取山脊线。使用栅格计算器，输入计算式 ("DiffMean" > 0) & ("SOA" > 50)，输出数据命名为"Ridge"；再次利用栅格计算器中的 SetNull 函数或直接采用重分类方法，将 Ridge 中值为 0 的区域设为空值，只保留值为 1 的数据，命名为"RidgeLine"即可获得山脊线（图 11.12）。熟悉栅格计算器中复合函数使用的读者，可以使用 SetNull 函数将以上两步合并成一步完成。

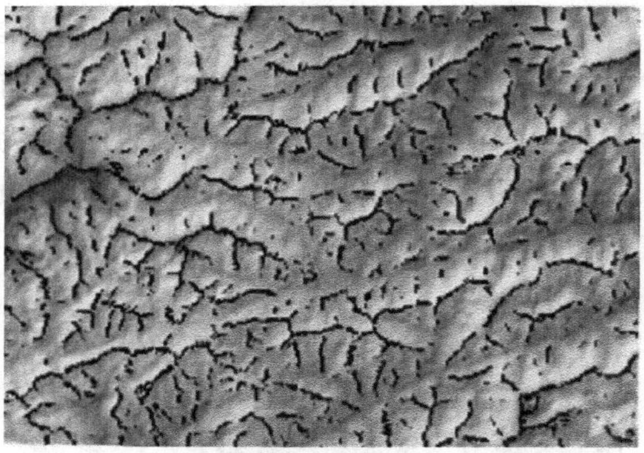

图 11.12　基于坡向变率提取的山脊线

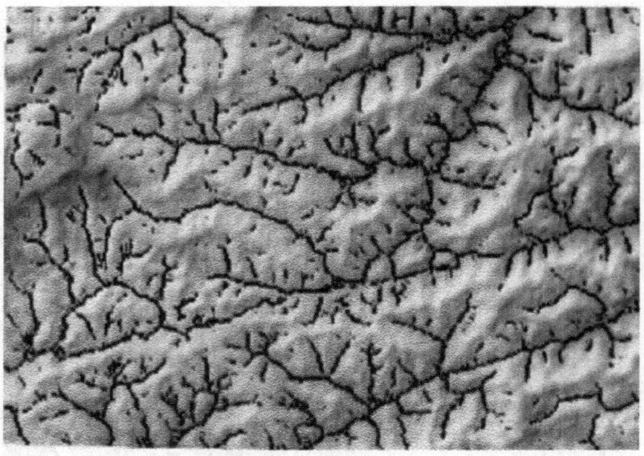

图 11.13　基于坡向变率提取的山谷线

（3）提取山谷线。其提取过程与山脊提取的过程类似，不同之处在于输入计算式为 ("DiffMean" < 0) & ("SOA" > 50)，输出结果可命名为"ValleyLine"（图 11.13）。

4. 基于水文分析提取山脊线、山谷线和鞍部

1）山脊线提取

（1）洼地填充。打开洼地填充工具（【ArcToolbox】→【Spatial Analyst Tools】→【Hydrology】→【Fill】），以 DEM 作为输入数据，输出数据命名为"Fill_DEM"，其他采用默认值。

（2）计算水流方向。打开流向计算工具（【ArcToolbox】→【Spatial Analyst Tools】→【Hydrology】→【Flow Direction】），以经过填洼的 Fill_DEM 作为输入数据，输出数据命名为"FlowDir1"，其他采用默认值。

（3）计算汇流累积量。打开汇流累积计算工具（【ArcToolbox】→【Spatial Analyst Tools】→【Hydrology】→【Flow Accumulation】），以上一步生成的流向数据 FlowDir1 作为输入数据，输出数据命名为"FlowAcc1"，其他采用默认值。

（4）提取山脊像元。汇流累积量为零的像元即为山脊像元。打开栅格计算器，双击右上角的空值设置函数 SetNull，在文本框的函数中，输入空值的条件（汇流量不为 0）及条件不成立的输出值 1。整个计算式如下：SetNull（"FlowAcc1" != 0,1）。式中的图层名和不等号可通过双击文本框上方的相应图层名和运算符来输入。输出数据可命名为“RidgeRaster11”。将输出数据透明叠加到地形晕渲图上，观察提取出的山脊，可以看到结果中有许多独立的、零星的山脊像元，甚至部分像元位于山谷中。实际应用中的山脊线，往往只需要一些主要山脊线。因此采用以下方法对提取的山脊像元进行修正。

（5）山脊像元修正。先打开栅格计算器，在文本框中输入："FlowAcc1" == 0，输出命名为“RidgeRaster12”，从而将汇流量分为 1、0 两个值。然后采用邻域统计工具，对 RidgeRaster12 数据采用 3×3 的邻域统计其平均值，使得数据变得光滑，输出数据命名为“RidgeMean1”。最后采用重分类工具，将 RidgeMean1 数据分为两级。分级前需要以晕渲图作为判断依据，不断调试分级临界点，将数据二值化显示，分析山脊提取的准确性。经过多次调整，这里将临界点设置为“0.58”。因为属性值越接近于 1 的像元越有可能是山脊线的位置，所以本实验以 0.58 为界，将 0.58~1 的值赋值为 1，其余的值赋为“NoData”，输出文件名为“RidgeRaster13”（图 11.14）。若提取的山脊线仍有部分在负地形区，则可结合正负地形数据，再次对山脊像元进行修正。

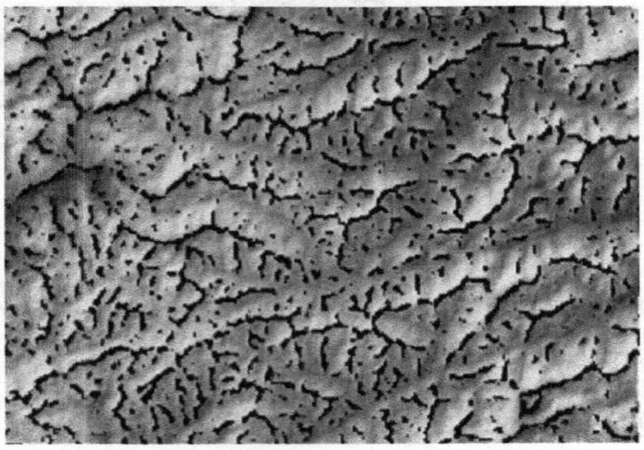

图 11.14　基于水文分析提取的山脊线

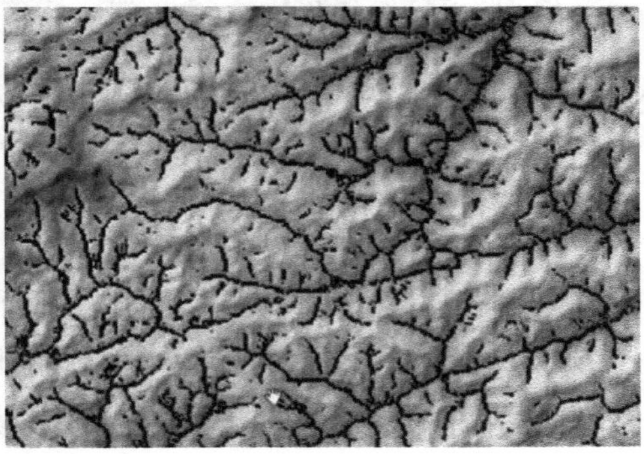

图 11.15　基于水文分析提取的山谷线

2）山谷线的提取

（1）反地形的提取。反地形直接采用前述已生成的反地形数据 FlipDEM。

（2）以反地形数据 FlipDEM 为出发点，采用与山脊线提取相同的方法提取山脊线，所得结果即为真正的山谷线（图 11.15）。重分类时，临界点值可以设为“0.38”。

（3）根据后文实验十四的方法，采用河流提取的思路也可提取山谷。具体操作是，将原地形中计算出的汇流量数据（山脊线提取中的 FlowAcc1 数据），按一定阈值进行重分类后即可得到山谷线。图 11.16 是以汇流量大于 100 为标准提取的山谷线。

3）鞍部提取

（1）利用栅格计算器将提取出的原地形中汇流累积量为0的数据（RidgeRaster11）与反地形中汇流累积量为0的数据相乘，输出结果为Saddle1。

（2）再次利用栅格计算器，将Saddle1数据与正负地形数据（DiffMean）相乘，并用重分类工具将值大于0的像元提取出来（其余的设为空值），从而获得鞍部的栅格数据，输出名为“Saddle2”。

（3）采用栅格转点工具（Raster to point），将栅格数据Saddle2转为矢量的点数据SaddlePoint。与地形晕渲图相结合，对点数据进行编辑，删除那些位于区域边缘及内部的伪鞍部点，获得最终结果（图11.17）。

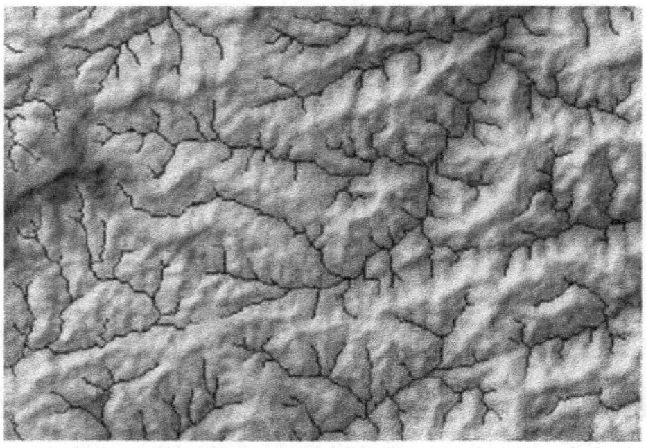

图11.16　基于径流量提取的山谷线（河流）

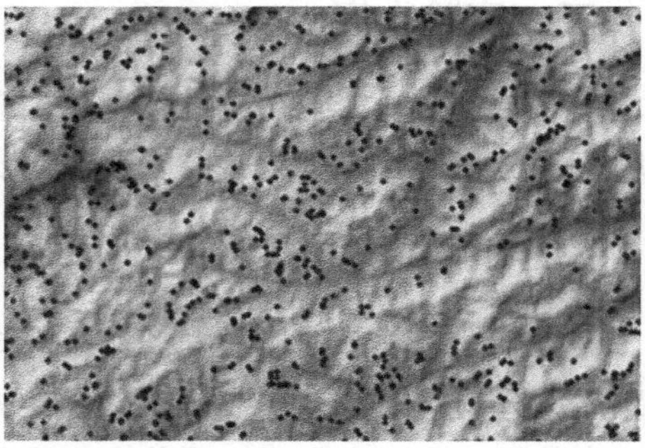

图11.17　基于水文分析提取的鞍部

六、实验说明

（1）理解基于栅格数据提取地形特征要素的基本原理，是本实验成功的关键。实验前必须弄清各个特征要素提取的基本算法和过程。

（2）比较基于水文分析和基于坡向变率两种方法所生成的山脊线与山谷线的异同。读者还可以尝试从水平曲率的角度出发来生成山脊线和山谷线。

（3）邻域统计中，邻域的大小对分析结果会有较大的影响。读者可以尝试采用不同大小的邻域，比较结果之间的差异，确定更为合理的邻域大小。

（4）本实验内容较多，且涉及水文分析的相关内容，因此若实验学时有限，可先做前两类要素的提取，待完成实验十四中的水文分析之后，再来完成本实验中基于水文分析的山脊（谷）线的提取。

实验十二　栅格数据的距离分析

一、实验目的

了解栅格成本距离的基本原理，学会综合运用表面分析（Surface）、重分类（Reclassify）、栅格叠加、成本距离（Cost distance）等方法，制作成本栅格，并能够根据成本栅格进行路径分析（Cost path）。

二、实验内容

某旅游景区拟修建一条由停车场至观景台的步行道路，要求考虑地形坡度、地表起伏度、土地利用状况等因素的影响，确定一条最低成本路径。

三、实验原理与方法

实验原理：基于栅格数据的路径选择源于路径影响因素的分析，其核心在于计算成本距离和方向。它首先需要确定路径的影响因素，然后根据这些因素选择原始数据或计算派生数据，在对它们进行量化和标准化的基础上，生成单因素的成本数据。不同要素的影响强度有所差异，需要确定因素的权重，在此基础上对单因素成本数据进行加权求和得到综合成本数据。相邻像元间的资源移动，既要考虑距离，也要考虑成本，即成本距离。以起点为源点，计算每个像元至源点的累积最小成本距离和成本方向，在确定了终点（目标点）后，即可根据成本方向确定最低成本路径。

实验方法：首先，根据 DEM 数据派生出坡度数据和起伏度数据。其次，利用重分类工具（Reclassify）将坡度数据、起伏度数据和土地利用数据进行量化和标准化处理，得到单因素的成本数据。再次，根据各因素的权重，采用栅格计算器对单因素成本数据进行加权叠加，输出综合成本栅格数据。再其次，利用成本距离工具（Cost Distance）计算栅格数据中各像元到源点的成本距离和方向，输出累积最低成本距离栅格和成本方向栅格。最后，利用成本路径工具（Cost Path）生成最低成本路径。实验流程见图 12.1。

四、实验设备与数据

（1）实验设备：计算机。

（2）主要软件：ArcGIS 10。

（3）实验数据："实验 12"文件夹下的高程数据（DEM）、土地利用数据（TDLY）、停车场数据（StartPoint）、观景台数据（EndPoint）。

五、实验步骤

1. 设置分析环境

（1）运行 ArcMap，激活 Spatial Analyst 模块（菜单【Customize】→【 Extensions…】→【Spatial Analyst】）。

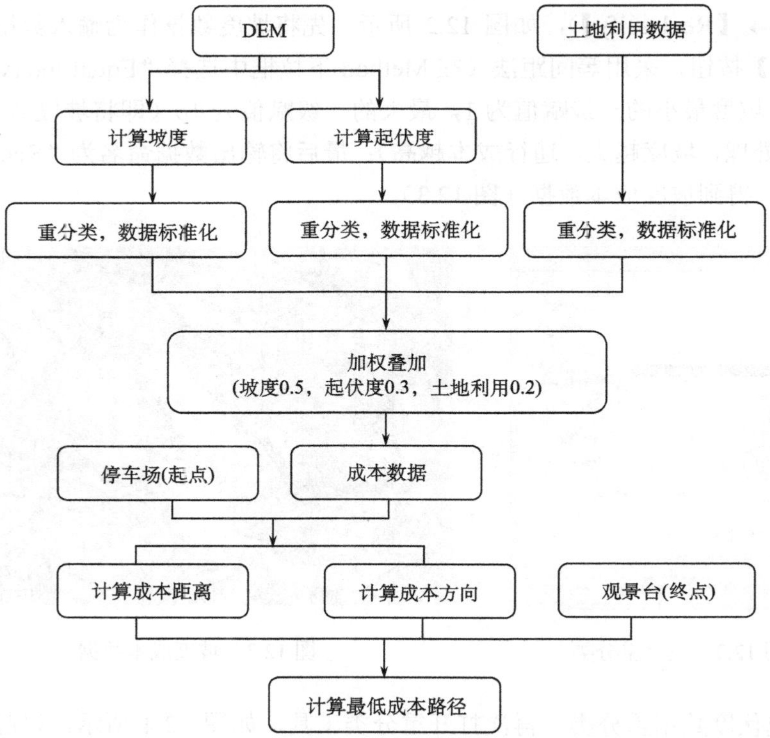

图 12.1　实验流程图

（2）加载“实验 12”文件夹中的所有实验数据，并对这些数据进行符号化。

（3）打开 ArcMap 中的 Catalog，在“实验 12”文件夹中，新建一个 File Geodatabase，可命名为“实验结果”，用于存放实验过程与结果数据。

（4）设置 ArcToolbox 分析环境。右键点击【ArcToolbox】，选择“Enviroments…”，在打开的设置窗口中，将临时工作空间（Scratch Workspace）设置为上一步生成的 Geodatabase；将处理范围（Processing Extent）中的范围（Extent）、栅格分析（Raster Analysis）中的像元大小（Cell Size）及掩膜（Mask）均设置为与 DEM 数据一致。

2. 计算成本数据

（1）生成坡度数据。打开坡度工具（【ArcToolbox】→【Spatial Analyst Tools】→【Surface】→【Slope】），将 DEM 作为输入栅格，输出数据以 Slope 命名，其余采用默

认值，点击【OK】，得到坡度数据。

（2）生成起伏度数据。打开邻域统计工具（【ArcToolbox】→【Spatial Analyst Tools】→【Neighborhood】→【Focal Statistics】），将 DEM 作为输入栅格，输出数据以 QFD 命名，将邻域设置为 11×11 像元的矩形，统计类型选择“RANGE”，点击【OK】，得到起伏度数据。

（3）坡度数据重分类。打开重分类工具（【ArcToolbox】→【Spatial Analyst Tools】→【Reclass】→【Reclassify】），如图 12.2 所示。先将坡度数据作为输入数据，然后点击【Classify…】按钮，采用等间距法（在 Method 下拉框中选择“Equal Interval”）将坡度分为 10 级，坡度最小的一级赋值为 1，最大的一级赋值为 10（即将坡度数据进行 10 分制的标准化处理，坡度越大，通行成本越高）；最后将输出数据命名为“Reclass_Slope”。点击【OK】，得到坡度成本数据（图 12.3）。

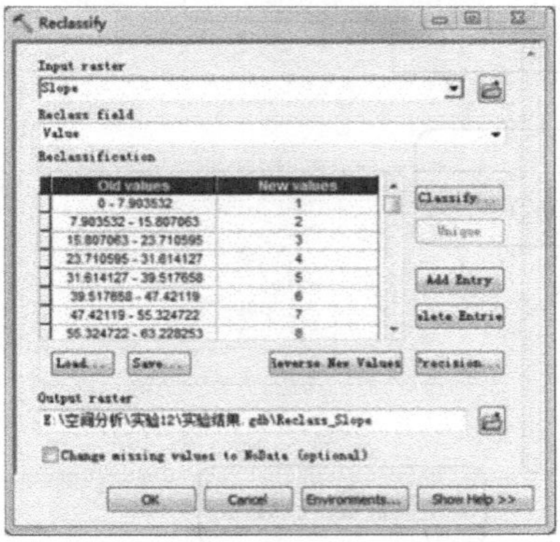

图 12.2　坡度重分类

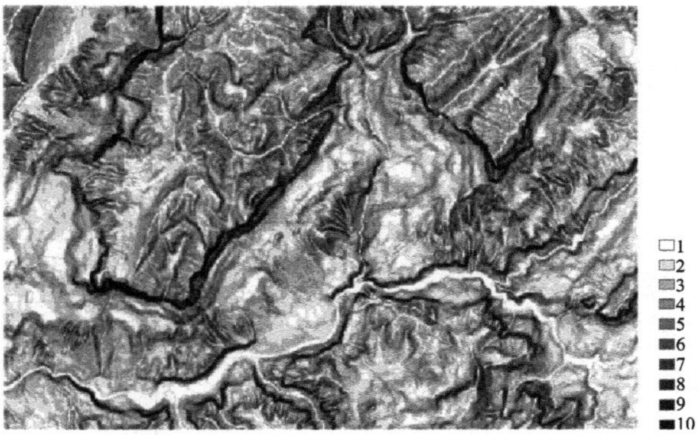

图 12.3　坡度成本数据

（4）起伏度数据重分类。再次打开重分类工具，如图 12.4 所示，以起伏度数据作为输入数据，仍采用等间距法将其分为 10 级，起伏度最小的一级赋值为 1，最大的一级赋值为 10，输出命名为“Reclass_QFD”，点击【OK】，得到起伏度成本数据（图 12.5）。

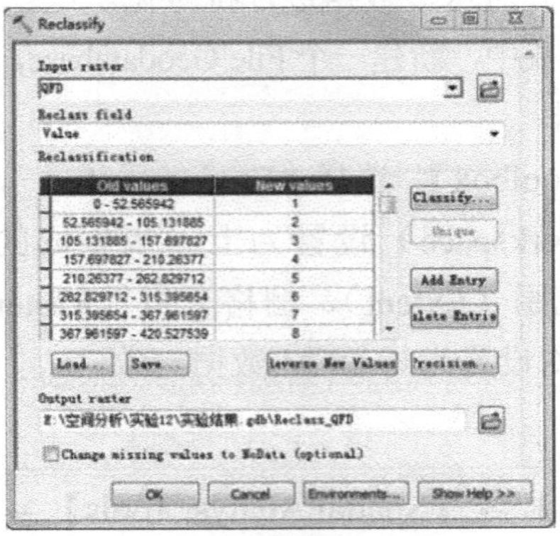

图 12.4　起伏度重分类

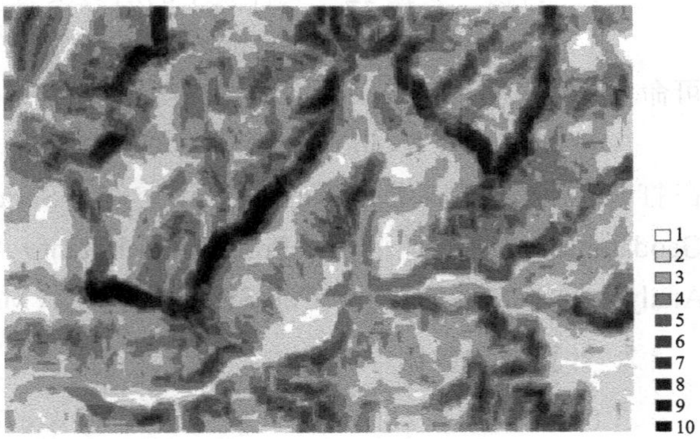

图 12.5　起伏度成本数据

（5）土地利用数据重分类。打开重分类工具，如图 12.6 所示，将土地利用数据作为输入数据，分类字段选择“DLMC”（地类名称），根据土地利用类型对道路修建成本的影响大小，将河流分值设为 10，建设用地分值设为 8，林地分值设为 7，园地分值设为 6，耕地分值设为 4，草地分值设为 2，裸地分值设为 1，输出命名为“Reclass_TDLY”，点击【OK】，得到土地利用成本数据（图 12.7）。

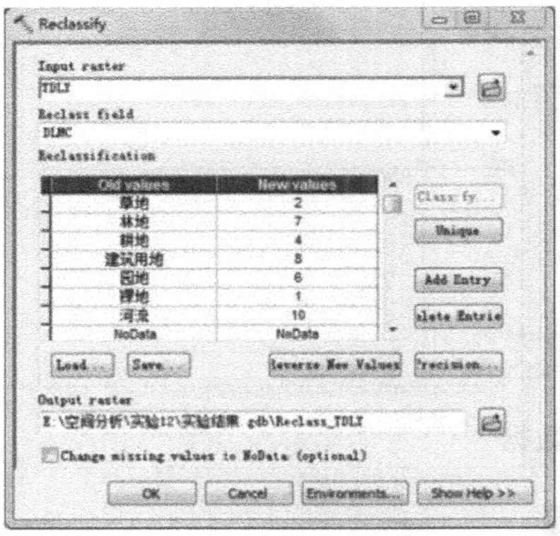

图 12.6　土地利用数据重分类

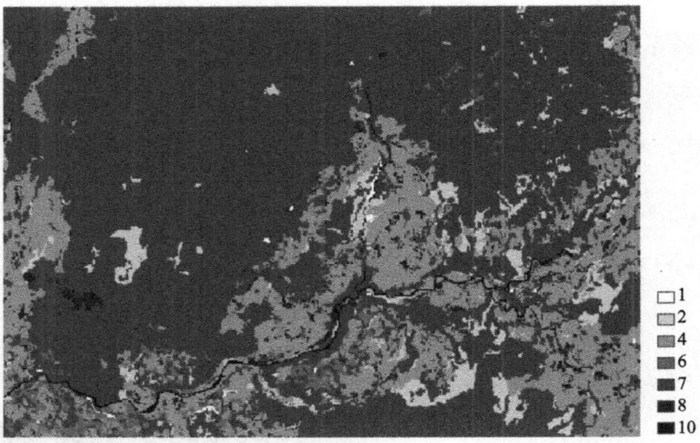

图 12.7　土地利用成本数据

（6）加权计算综合成本栅格数据。本实验中，考虑山地坡度和起伏度较土地利用对修建道路的成本影响较大，因此设坡度的权重为 0.5，起伏度为 0.3，土地利用为 0.2。打开栅格计算器（【ArcToolbox】→【Spatial Analyst Tools】→【Map Algebra】→【Raster Calculator】），如图 12.8 所示，在中间的文本框中输入"Reclass_Slope" * 0.5 + "Reclass_QFD" * 0.3 + "Reclass_TDLY" * 0.2，输出命名为“Cost”，点击【OK】，得到综合成本栅格数据（图 12.9）。

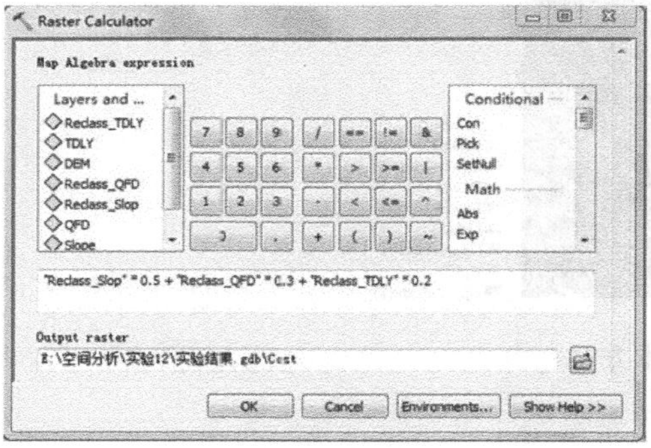

图 12.8　计算加权成本数据

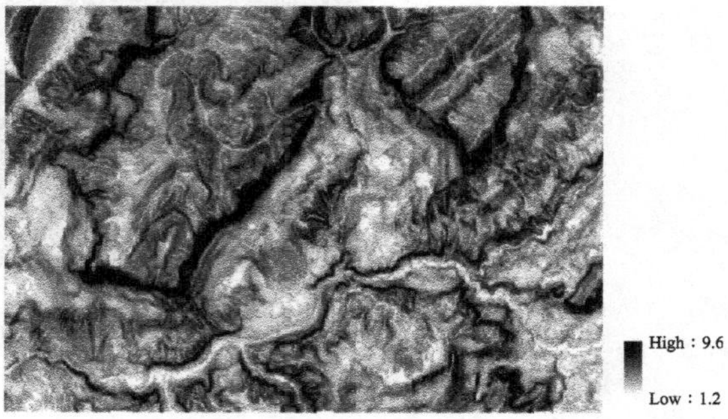

图 12.9　加权成本数据

3. 计算成本距离和方向

打开成本距离工具（【ArcToolbox】→【Spatial Analyst Tools】→【Distance】→【Cost

Distance】)，如图 12.10 所示，以起点（StartPoint）作为输入的源数据，以综合成本数据（Cost）作为输入的成本数据，输出的成本距离数和成本方向数据分别命名为“CostDistance”和“Direction”，点击【OK】，生成累积最低成本距离加权数据和后向连接（成本方向）数据，结果如图 12.11 和图 12.12 所示。

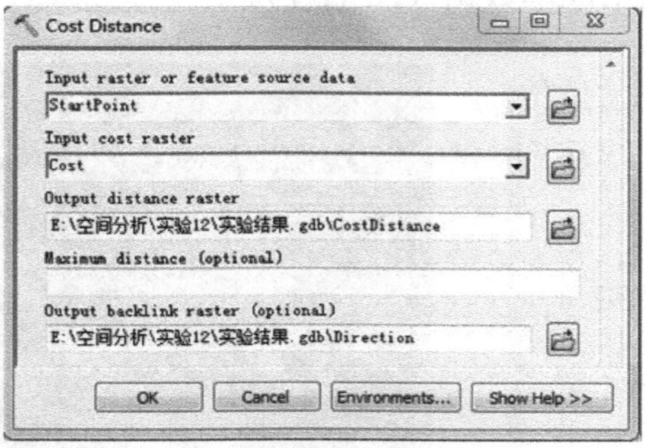

图 12.10　计算成本距离加权数据

图 12.11　成本距离

图 12.12　成本方向

4. 计算最低成本路径

打开成本路径工具(【ArcToolbox】→【Spatial Analyst Tools】→【Distance】→【Cost Path】)，如图 12.13 所示，选择 EndPoint 作为输入的目标点数据，分别选择上一步生成的 CostDistance 和 Direction 数据作为输入的成本距离数据和成本方向数据，输出数据命名为“Path”，路径类型设置为默认值，点击【OK】，生成最低成本路径。

5. 浏览并分析结果

先创建山体阴影（Hillshade），并透明叠加到DEM之上，然后将上一步生成的栅格路径转换为矢量的线（Raster to polyline），并进行符号化显示，最后结合地形等因素分析该路径的合理化（图12.14）。

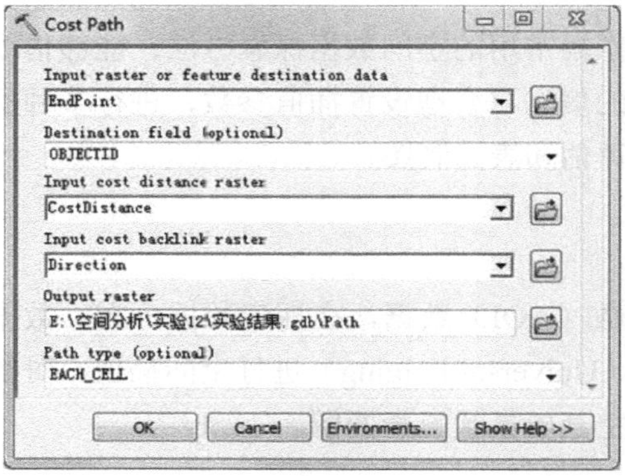

图12.13　最短路径对话框

图12.14　最低成本路径图

六、实验说明

（1）成本影响因素的权重对结果的影响较大，因此权重的确定显得尤为重要。确定权重的方法有很多，如特尔菲法、因素成对比较法、层次分析法等。本实验直接给出了权重，未对权重的来源作深入分析。有兴趣的读者可以采用不同的方法来确定权重，并根据新的权重来重新计算路径，对比分析不同权重对结果的影响。

（2）本实验中，对数据的量化和标准化，按0~10进行了简单的分级处理，但在实际应用中，量化和标准化处理要复杂得多，往往需要根据数据本身的特征、对研究目标的作用强度等方面的因素来计算作用分值。

实验十三　地统计分析与空间插值

一、实验目的

了解空间插值与地统计分析的基本原理，掌握常用的空间数据探索方法，能够借助 GIS 软件中的空间插值工具，根据探索中发现的信息，合理设置插值参数，进行多种不同方法的空间插值，并能对插值结果进行精度评估和表面制图。

二、实验内容

根据我国华北地区冬季的城市空气质量指数（AQI）数据，在探索数据分布、数据趋势、数据自相关的基础上，采用泛克里金法（Universal Kriging）进行空间插值，对插值结果进行验证和对比分析，并制作华北地区空气质量状况表面图。

三、实验原理与方法

实验原理：空间插值是表面创建的一种基本方法，它利用观测点上获得的数据来估算其他点的数值。通过插值，可以将点数据生成栅格表面数据。空间插值的具体方法有很多，如反距离权重法、样条函数法、克里金法等。以克里金为核心的地统计分析方法，不仅能够用于插值，还可以衡量插值的不确定性。地统计插值在对观测点的空间自相关分析的基础上，依据要素的空间变异规律，探究合适的模型对区域范围内的采样值生成预测表面，并给出预测值的误差。

实验方法：利用 ArcGIS 的地统计分析工具（Geostatistical Analyst）对城市空气质量监测点数据进行插值以生成连续的空气质量分布表面。首先探索数据，采用直方图、正态 QQ 图检验数据的分布，确定数据是否需要变换及变换的方式，使其符合正态分布；进行趋势分析，获得数据的全局趋势；探索数据的半变异/协方差云，了解数据的空间自相关情况和方向影响。然后按照 4∶1 的比例将全部数据分为训练数据和测试数据，对训练数据进行泛克里金插值。插值过程中先采用二阶多项式剔除趋势，然后在半变异/协方差建模中考虑各向异性的作用，最后进行交叉验证，了解模型的插值精度。插值完成后，用测试数据验证插值结果，将前述插值结果与默认克里金插值方法所得的结果进行对比，在确认插值模型效果的基础上，采用整个数据集的数据进行泛克里金插值，输出预测图和预测标准差图。最后根据预测图制作华北地区空气质量表面图。实验流程见图 13.1。

四、实验设备与数据

（1）实验设备：计算机。

（2）主要软件：ArcGIS 10 等。

（3）实验数据："实验 13"文件夹下"华北地区"地理数据库中的相关数据，包括华北地区空气质量的城市监测点数据（城市）、华北六省市的行政区数据（行政区）、河流数据（黄河）、地形阴影数据（Hillshade）。

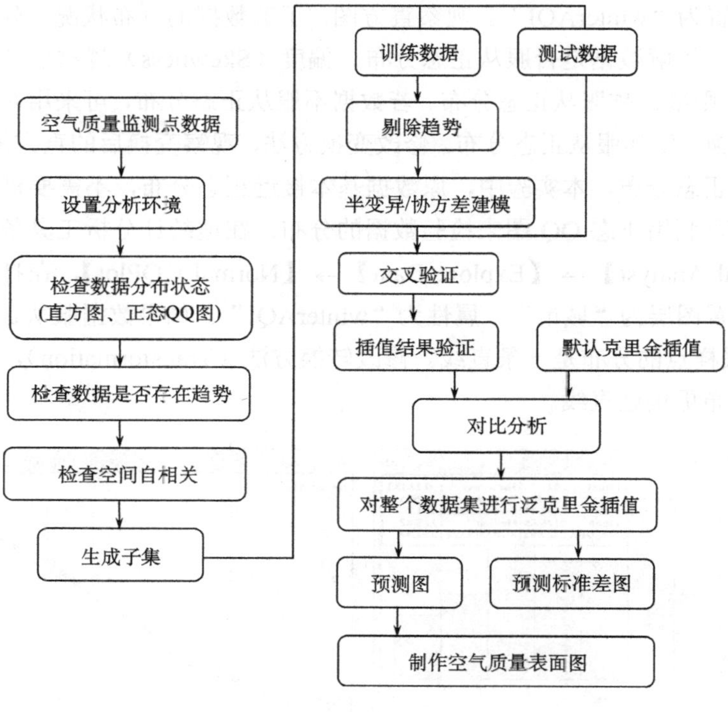

图 13.1　实验流程图

五、实验步骤

1. 设置分析环境

（1）激活地统计分析模块。打开 ArcMap，先点击菜单【Customize】→【Extensions…】，在打开的扩展工具列表中，勾选"Geostatistical Analyst"，激活地统计分析模块；然后右击任一工具条，在弹出的浮动菜单中打开地统计工具条。

（2）加载数据。加载"实验 13"文件夹中"华北地区"地理数据库里的"城市"和"行政区"数据，调整图层顺序使城市位于行政区之上，并对"城市"图层进行必要的符号化（根据 AQI 值的大小通过比例符号法采用不同大小的点来表达）。浏览数据，注意“城市”图层属性表中的 winterAQI 字段，记录了华北各城市冬季平均空气质量指数。

（3）设置 ArcToolbox 的分析环境。将临时工作空间（Scratch Workspace）设置为“实验 13”文件夹中的“华北地区.gdb”。

2. 检查数据的分布

在地统计分析工具条上，依次双击【Geostatistical Analyst】→【Explore Data】→【Histogram】，打开直方图对话框（图 13.2），在下方数据源面板中将图层设置为“城市”，属性设置为“winterAQI”。观察直方图，了解数据的分布状况；分析直方图右上角的统计数据，了解数据是否服从正态分布。偏度（Skewness）越靠近 0（或平均值与中值越接近），则数据越服从正态分布。若数据不服从正态分布，可采用对数变换（Log）或 Box-cox 变换，使其服从正态分布。修改变换方法，观察变换后的直方图及统计数据，看是否更接近正态分布。本实验中，原数据基本接近正态分布，不需要进行变换。

此外，也可利用正态 QQ 图来检验数据的分布。在地统计分析工具条上，依次双击【Geostatistical Analyst】→【Explore Data】→【Normal QQPlot】，在打开的对话框中（图 13.3）设置图层为“城市”，属性为“winterAQI”。如果数据服从正态分布，在正态 QQ 图中采样点的分布是一条直线。修改转换方法（Transformation），观察哪种转换中采样点的分布更接近直线。

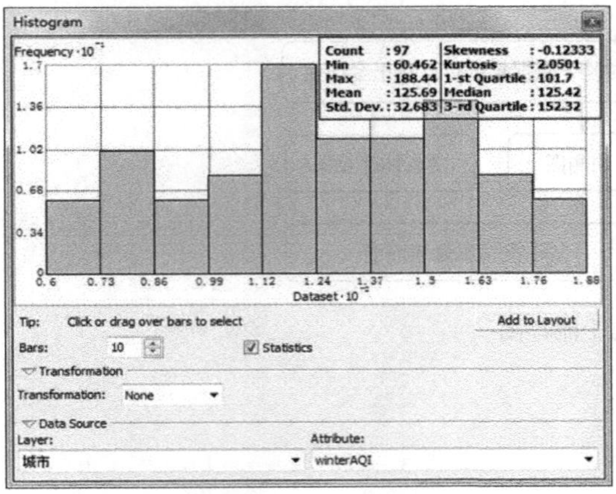

图 13.2　数据直方图

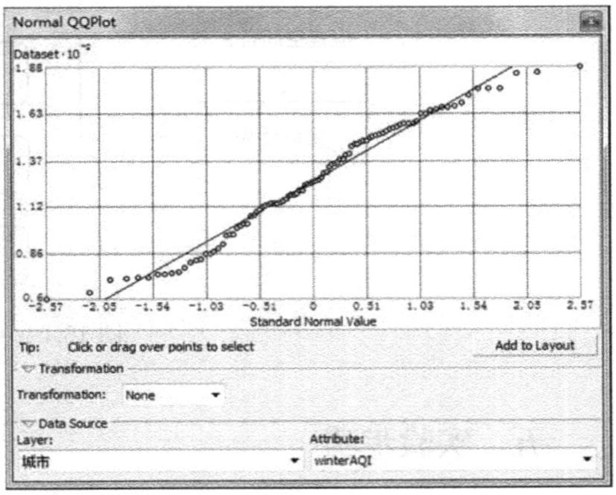

图 13.3　数据正态 QQ 图

3. 检查数据是否存在趋势

在地统计分析工具条上，依次双击【Geostatistical Analyst】→【Explore Data】→【Trend Analysis】，在打开的对话框中（图 13.4），设置图层为“城市”，属性为“winterAQI”。在旋转方式下拉框中，选择“Locations”，通过右方的滚动条，调整角度，观察数据是否存在趋势。从图 13.4 可以看到，当角度旋转到 180° 时，点在 X 轴投影面上（东西方向）中间部分的值较高，拟合线呈倒“U”形，表明区域中心的污染比两边严重；点在 Y 轴投影面上（南北方向）高值集中在南端，表明区域南部的污染比北部严重。由此可见，数据存在明显的全局趋势，并且可用二阶多项式进行拟合。根据对这些分布趋势的分析，在后续的插值中剔除趋势时可选择适宜的参数。修改旋转方式为“Graph”，通过右方的滚动条调整视角，从不同角度观察数据的分布趋势。

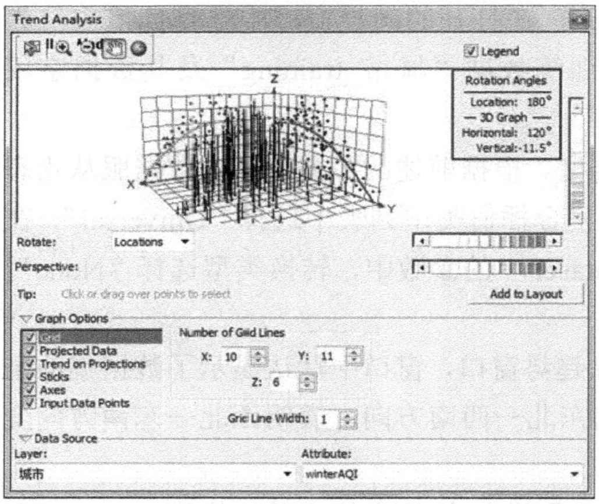

图 13.4　趋势分析

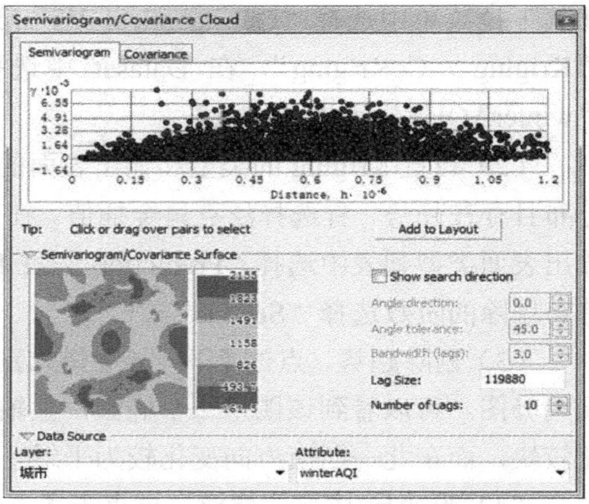

图 13.5　空间自相关和方向检测

4. 检查空间自相关和方向影响

在地统计分析工具条上，依次双击【Geostatistical Analyst】→【Explore Data】→【Semivariogram】/【Covariance Cloud】，打开半变异函数/协方差云工具（图 13.5），如图设置图层和属性字段。观察云图中的红点，每个红点表示一个点对。横轴表示每个点对之间的距离，纵轴为半变异函数值（每个点对的差值平方）。从红点的分布上看，数据具有明显的空间自相关关系。选择云图左上方距离值较小而半变异函数值较大的点，在地图窗口中查看相对应的点对连线，结合地形等因素分析这些点的数据是否合理。选择云图最上方的点，在地图窗口中可以看到这些点对连线主要呈东西、南北两个方向，表明这两个方向有明显的趋势。勾选“显示搜索方向”复选框（Show search direction），拖动左图中的方向光标旋转到不同的方向，可以发现该方向上的云图有明显差异，说明数据体现出明显的方向性（各向异性）。取消点对选择并关闭云图窗口。

5. 创建子集

在地统计分析工具条上，点击【Geostatistical Analyst】下拉菜单，选择 Subset Features…，打开子集创建对话框。该工具将原始数据随机分为训练数据（training feature）和测试数据（test feature）两部分，前者用于模拟数据的空间结构并生成表面，后者用于对比和验证生成的表面。在对话框中，设置输入数据为“城市”，输出的训练数据和测试数据分别命名为“城市_training”和“城市_test”，在“训练数据子集大小”文本框中输入 80，在“子集大小的单位”下拉框中选择“输入的百分比”（PERCENTAGE_OF_INPUT），即按 80%的比例生成训练数据，余下的 20%作为测试数据。用不同的符号表示训练数据和验证数据，观察它们的分布。

6. 采用趋势剔除模型对训练数据进行克里金插值

（1）设置插值方法和数据。点击地统计分析工具条上的【Geostatistical Analyst】，在其下拉菜单中选择“Geostatistical Wizard...”，在打开的向导窗口中选择插值方法为“Kriging / CoKriging”，在 Dataset 中选择训练数据“城市_training”及其数据字段“winterAQI”，点击【Next】。

（2）设置 Kriging 的类型和输出表面的类型。根据前述的数据分析，数据服从正态分布且存在趋势，宜选择泛克里金插值。在克里金插值类型列表中选择“Universal”，在输出表面类型列表中选择“Prediction”，在 Dataset#1 的参数中，转换类型选择“None”，趋势剔除的阶数选择“Second”。

（3）剔除趋势。点击【下一步】进入剔除趋势窗口，窗口中默认显示了数据集的全局趋势图。可以看到该图呈一个椭圆，主轴为东北—西南方向，表明西北—东南方向变化较快，而东北—西南方向变化较为平缓。

（4）半变异/协方差建模。再点击【下一步】进入半变异/协方差建模窗口。点击窗口右上方的模型优化（Optimize model）按钮，在打开的窗口中点击【OK】后，将采用交互式交叉验证技术为模型计算参数，包括步长大小（Lag Size）、步长组数（Number of Lags）等。确认模型类型为 Stable，各向异性（Anisotropy）设置为 True（即考虑自相关中的方向影响），并将计算块金（Calculate Nugget）和计算偏基台值（Calculate Partial Sill）设置为 True（图 13.6）。点击【下一步】。

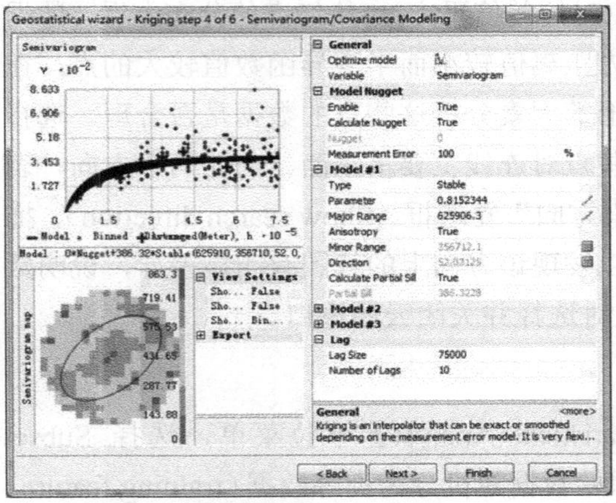
图 13.6　半变异/协方差建模

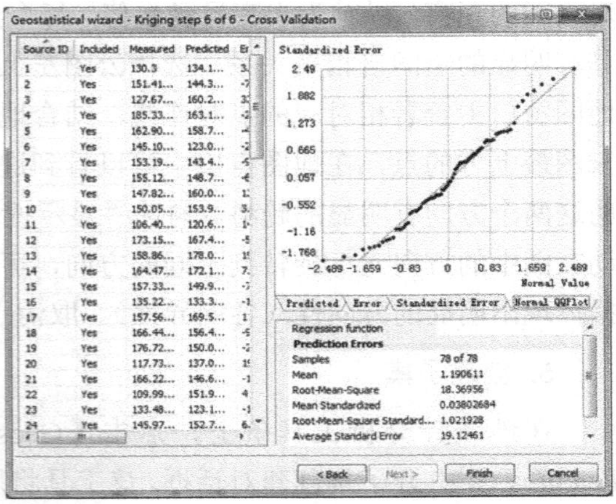
图 13.7　交叉验证

（5）设置搜索邻域。参数采用默认值。点击左侧数据视图中的任一位置，用于该位置插值估算的点将加粗显示，椭圆每个扇区 2~5 个点。点击右侧的权重列表（Weights），可以看到用于插值的点号及权重。选择表中任一点，则该点在左图中高亮度显示。分析点的权重与距离之间的关系。

（6）交叉验证。点击【Next】进行交叉验证设置（图 13.7）。通过交叉验证可以弄清模型预测的准确程度。交叉验证将忽略数据集中的一个点，利用数据的其余部分预测该点的值，然后将测量值与预测值进行比较。根据对预测误差的统计得到的数据可用于诊断模型是否适于制定决策和生产地图。判断模型的预测值是否准确有三条准则：预测具有无偏性，判定条件是标准化平均值（Mean Standardized）接近于 0；标准误差是准确的，判定条件是均方根标准化预测误差（Root-Mean-Square-Standardized）接近于 1；预测值与测量值的偏差不大，判定条件是均方根误差（Root Mean Square）和平均标准误差（Average Standard Error）较小且尽可能接近。若对这三个方面的值不满意，可点击后退（【Back】）按钮，返回以上第（4）步的半变异/协方差建模阶段，修改相关参数后再次观察验证结果，这样的过程往往需要往返多次。本实验中，将步长大小设为 75000、步长组数设为 10 后，有更好的预测准确性（图 13.6）。通过“交叉验证”对话框，还可以查看每个点的误差、标准化误差和正态 QQ 图等。最后点击【Finish】按钮生成方法报告，浏览报告中关于创建表面模型的汇总信息，点击【OK】完成插值。将生成的图层重命名为“TrendRemoved”，作为趋势剔除模型插值的结果。

（7）插值结果验证。右键点击生成的预测图图层（TrendRemoved），选择“Validation/Prediction…”，打开 GA Layer to Points 对话框，输入测试数据（城市_test），设定其属性字段（winterAQI），设置输出路径和名称。点击【OK】后生成验证点数据，打开该数据的属性表，比较预测值与真实值的差异，找出标准差较大的点。

（8）浏览预测误差分布图。右击 TrendRemoved 图层，选择“Change Output to Prediction Standard Error”，将显示预测标准误差图，在其上方叠加“城市_training”数据，可以发现点及附近的区域预测值的标准误差较小，远离点的区域标准误差较大。

7. 默认克里金插值及对比分析

先采用 Geostatistical Wizard 对“城市_training”数据中 winterAQI 字段采用默认的方法（Simple Kriging）和参数进行插值（未剔除趋势和考虑自相关）（设置字段后直接点击【Finish】按钮和【OK】按钮），输出的预测图层重命名为“DefaultKriging”；然后右击 TrendRemoved 图层，选择比较（Compare…），对比分析趋势剔除模型与默认克里金模型的交叉验证统计数据，可以发现趋势剔除模型的结果总体上要优于默认克里金模型（图 13.8）；最后关闭对比窗口。

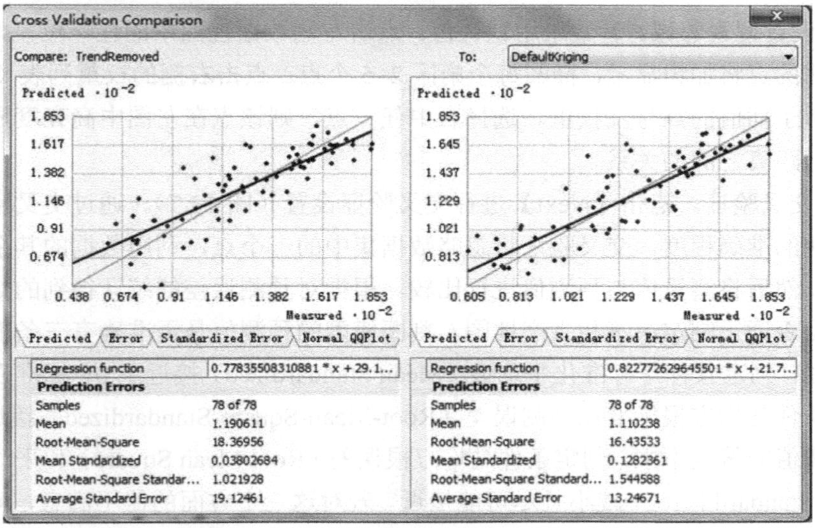

图 13.8 交叉验证的对比

8. 采用趋势剔除模型对整个数据进行插值

先采用 Geostatistical Wizard 对“城市”数据中 winterAQI 字段采用趋势剔除模型（前述第 6 步的模型和方法）进行插值；然后右击生成的预测图图层，选择【Data】→【Export To Raster】，设置输出数据的路径和名称，将像元大小设置为 1000m，点击环境按钮（Environments…），将处理范围（Processing Extent）和栅格分析（Raster Analysis）的掩膜均设置为与“行政区”一致，点击【OK】，完成输出；最后将图层转换成预测标准误差图，采用同样的方法将其输出为栅格数据。

9. 制作华北地区空气质量表面图

加载地形阴影数据（Hillshade）、河流数据（黄河），关闭或移除不需要的图层，对各图层进行符号化设置，合理调整图层顺序，将插值结果透明叠加到地形阴影数据之上，并添加城市、省市、河流等名称注记，以及其他必要的制图要素，制作空气质量专题地图。

六、实验说明

（1）本实验在半变异/协方差建模过程中，采用的模型类型为 Stable，步长大小和步长组数等参数均通过优化计算而得到，读者可以尝试修改模型类型，调整步长大小等参数，观察和比较不同模型、不同参数条件下交叉验证中的误差指标。通过反复调试，可以得到更优的插值结果。

（2）由于数据子集的创建是基于随机抽样的方法，因此不同的人、在不同的时间创建子集，得到的训练数据不同，因而会造成插值模型参数、插值结果等略有差异。

（3）有兴趣的读者还可对数据采用 Spatial Analyst Tools 工具箱中的 IDW、Spline 等方法进行插值，并将它们的插值结果与泛克里金插值的结果进行比较，分析不同插值方法的特点及差异。

实验十四　水 文 分 析

一、实验目的

了解水文分析的基本原理，掌握水文分析的基本方法，能够熟练使用 GIS 软件进行水文信息提取和水文分析。

二、实验内容

根据提供的 DEM 和分村行政区数据，运用水文分析的基本方法，提取区域的沟谷网络，计算区域总的沟壑密度和各村的沟壑密度。

三、实验原理与方法

实验原理：沟壑密度也叫做沟道密度或沟谷密度，指单位面积内沟壑的长度。它描述了地面被水流冲刷切割的破碎程度，对了解地形发育，研究水土流失和国土资源开发等具有重要意义。其计算式为$D=\sum L/A$，一般以 km/km^2 为单位。A 为区域面积，L 为地表径流（沟谷）长度。对于矢量数据来说，A、L 可以通过几何计算来确定；对于栅格数据来说，A 可以通过栅格像元的数量及大小来确定，L 可以通过水文分析来提取，即利用相邻像元之间的高程关系，根据最大坡降法，可以计算每个像元的水流方向；根据流向进行汇流累积量计算，而只有当汇流量达到一定程度时才可能形成径流；将汇流栅格转换成矢量的线，即可计算沟谷长度。

实验方法：首先利用 ArcGIS 中的水文分析工具，进行洼地的探测，判断研究区是否存在洼地，若有，则需要计算洼地的深度并进行洼地的填充。其次在无洼地 DEM 数据的基础上，计算水流方向。再次根据水流方向进行汇流量的累积，选择合适的汇流量阈值，将汇流累积量超过该阈值的像元提取出来作为沟谷，并将其转换为矢量数据；剔除伪沟谷，再计算沟谷长度和区域面积，以及区域总的沟壑密度。最后通过与行政区进行叠加，可以统计各村的沟谷长度，并基于各村面积计算分村的沟壑密度。实验流程见图 14.1。

四、实验设备与数据

（1）实验设备：计算机。

（2）主要软件：ArcGIS 10、Excel 等。

（3）实验数据："实验 14"文件夹下 DEM 数据、分村行政区数据（xzq.shp）。

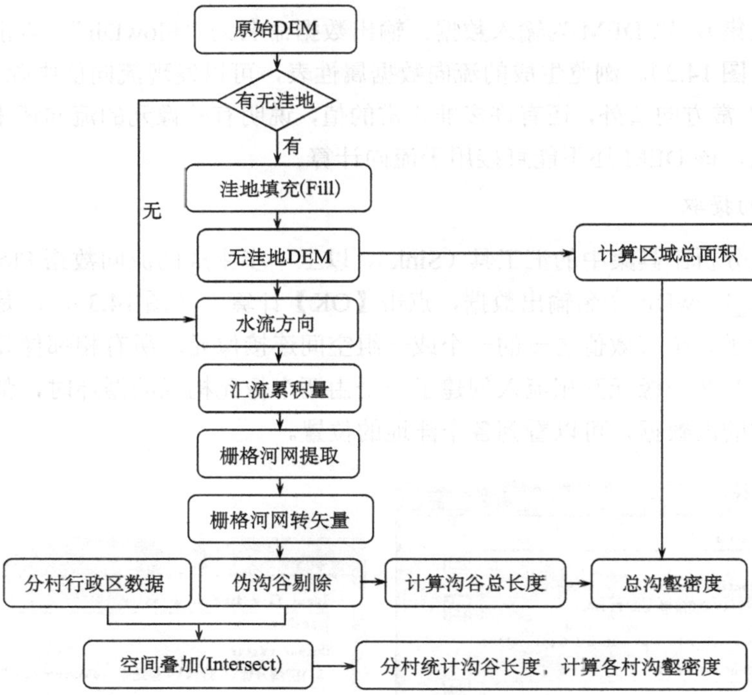

图 14.1 实验流程图

五、实验步骤

1. 实验准备

（1）加载数据。打开 ArcMap，加载 DEM 和分村行政区数据（xzq.shp）。

（2）激活扩展模块。点击菜单【Customize】→【Extensions…】，在扩展模块列表中勾选 Spatial Analyst 复选框，激活空间分析扩展模块。

（3）创建地理数据库。右键点击 Catalog 中的实验 14 文件夹，选择【New】→【File Geodatabase】，创建地理数据库（实验结果.gdb），用于存放实验结果。

（4）设置分析环境。右键点击【ArcToolbox】→【Environments…】，打开环境设置对话框。将 Workspace 选项内的临时工作空间设为“实验 14\实验结果.gdb”；将 Processing Extent 选项内的分析范围（Extent）和捕捉栅格（Snap Raster）、Raster Analysis 选项内的像元大小（Cell Size）、掩膜（Mask）均设置为与 DEM 一致。

2. 洼地分析

1）流向计算与分析

打开 ArcToolbox 中的流向工具（【Spatial Analyst Tools】→【Hydrology】→【Flow Direction】）（以下用到的水文分析工具，若非特别说明，均来自于空间分析工具箱中的水文分析工具集），以 DEM 为输入数据，输出数据命名为“FlowDir”，点击【OK】，计算水流方向（图 14.2）。浏览生成的流向数据属性表，可以发现流向值中除了 1、2、4、8、…等 8 个正常方向值外，还有许多非正常的值，说明有些像元的流向还未定义，数据中还存在洼地，该 DEM 还不能直接用于流向计算。

2）洼地的提取

打开水文分析工具集中的汇工具（Sink），以上一步生成的流向数据 FlowDir 为输入数据，以 Sink_FlowDir 命名输出数据，点击【OK】计算汇（图 14.3）。汇是流向栅格中流向无法被赋予 8 个有效值之一的一个或一组空间连接像元。所有相邻像元都高于待处理像元时，或在两个像元互相流入创建了一个由两个像元构成的循环时，都会有汇的存在。浏览生成的汇数据，可以看到各个洼地的位置。

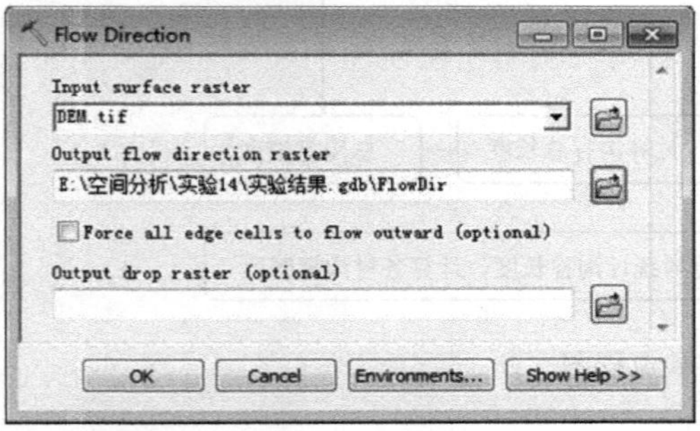

图 14.2　水流方向的计算

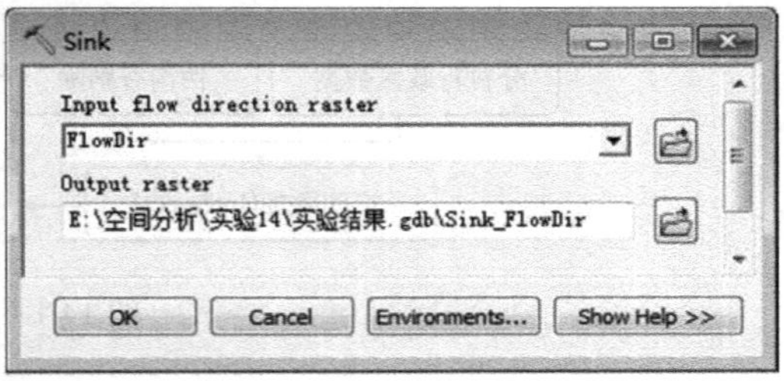

图 14.3　洼地的提取

3）洼地深度的计算

洼地深度是通过计算每个洼地贡献区域的最低高程与该洼地贡献区域外边界上的最低高程（即洼地出水口高程）之差来确定的。

（1）洼地贡献区域的提取。打开分水岭工具（Watershed），设置输入数据中的流向数据 FlowDir 和洼地数据 Sink_FlowDir，输出命名为“Watersh_Flow”，点击【OK】，计算洼地的贡献区域（图 14.4）。浏览数据，可以看到每个洼地的贡献区域（汇水范围）。

（2）计算洼地贡献区域的最低高程。打开分区统计工具（【ArcToolbox】→【Spatial Analyst Tools】→【Zonal】→【Zonal Statistics】），设置分区数据为洼地贡献区数据（Watersh_Flow），设置值栅格为 DEM 数据，输出数据命名为“Zonal_min”，设置统计类型为最小值“MINIMUM”，点击【OK】，计算出每个洼地贡献区域的最低高程，并将该值赋予本贡献区内的所有像元（图 14.5）。浏览输出数据，认识每个贡献区的最低高程。

（3）计算洼地贡献区域出水口的高程。出水口的高程是贡献区域边界线上所有像元的最低值。打开分区填充工具（【ArcToolbox】→【Spatial Analyst Tools】→【Zonal】→【Zonal Fill】），设置分区栅格为“Watersh_Flow”，权重栅格为“DEM”，输出栅格命名为

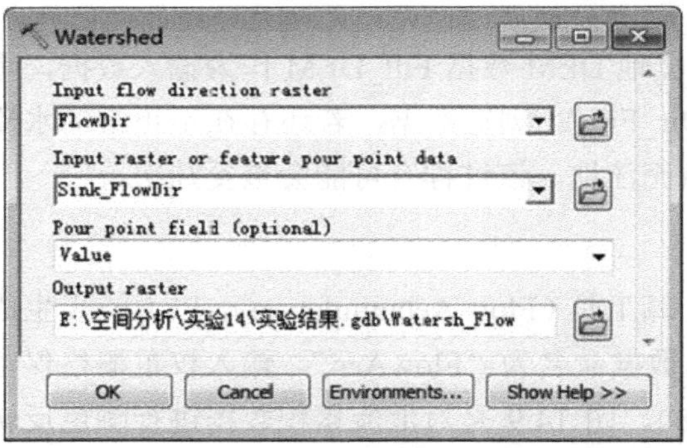

图 14.4　洼地贡献区域的提取

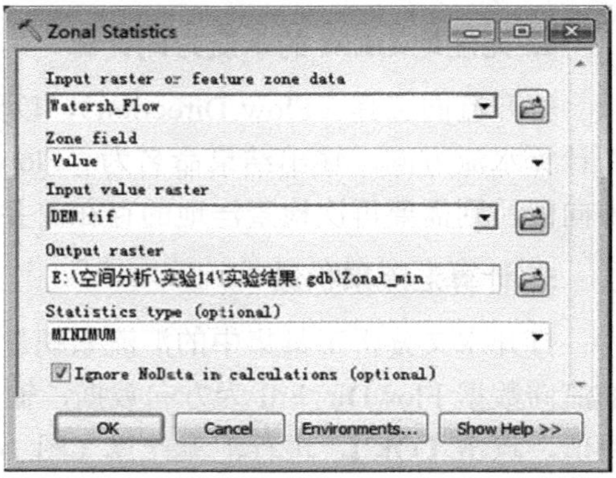

图 14.5　洼地贡献区域最低高程计算

“Zonal_max”，点击【OK】，计算洼地贡献区域出水口高程，并将该值赋予本贡献区内的所有像元（图 14.6）。浏览数据，认识每个贡献区的出水口高程。

（4）计算并分析洼地深度。利用栅格计算器（【Spatial Analyst Tools】→【Map Algebra】→【Raster Calculator】），将出水口高程栅格 Zonal_max 与洼底高程栅格 Zonal_min 相减，即可计算出洼地深度数据，命名为“Sinkdep”。洼地深度信息为洼地填充阈值的设定提供了良好的参考。本实验中，多数洼地的深度不足 5m，最深的洼地也仅为 12m。自然界中的主要洼地，如落水洞等，其深度往往超过这个值，因此可以认为这些洼地是由数据误差原因产生的，均可以填充。

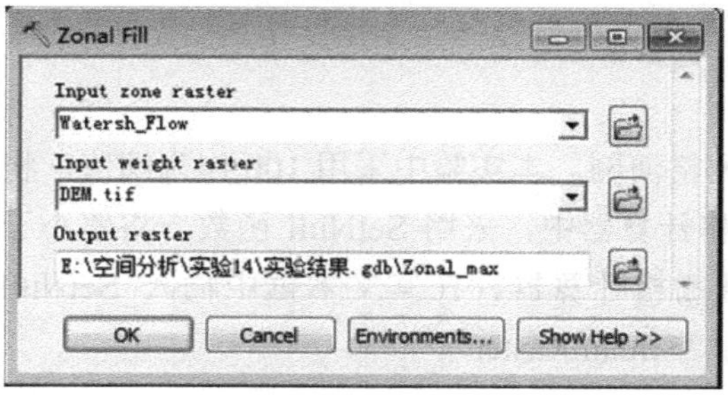

图 14.6　洼地出水口高程提取

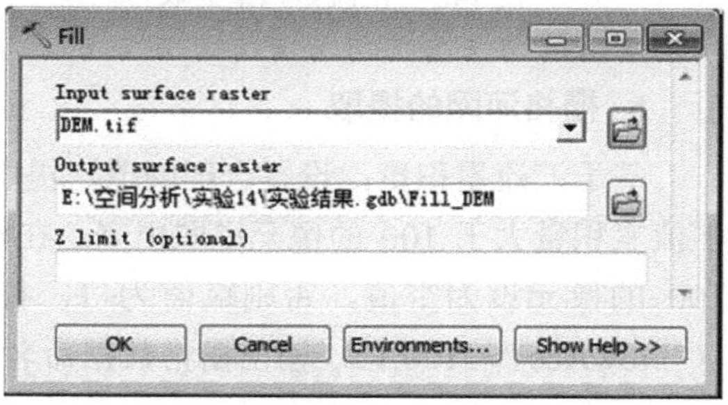

图 14.7　洼地填充

3. 洼地的填充

打开水文分析工具集中的洼地填充工具（Fill），以 DEM 数据作为输入数据，输出数据命名为“Fill_DEM”，Z limit 项保留空白，点击【OK】，对 DEM 数据进行洼地填充，生成无洼地 DEM（图 14.7）。该工具将以“Z limit”中的值作为阈值来进行洼地填充，低于或等于阈值深度的洼地将被填充，高于阈值的洼地将作为真实的地形保留，不予填充。若不设阈值，则所有的洼地区域都将被填充。

4. 无洼地 DEM 的水流方向计算

打开流向工具（Flow Direction），以无洼地 DEM 数据 Fill_DEM 作为输入数据，重新计算水流方向，输出结果命名为“FlowDir_Fill”。浏览数据，若还存在不正常的水流方向值，则需要再次检查洼地的存在，并填充洼地。该过程有可能会重复几次。

5. 计算汇流累积量

打开水文分析工具集中的汇流累积量计算工具（Flow Accumulation），以上一步生成的流向数据 FlowDir_Fill 为方向数据，输出数据命名为“FlowAcc”，输入权重栅格保留空值，点击【OK】，进行汇流计算（图 14.8）。图 14.9 是对汇流累积数据进行颜色反转后的结果。

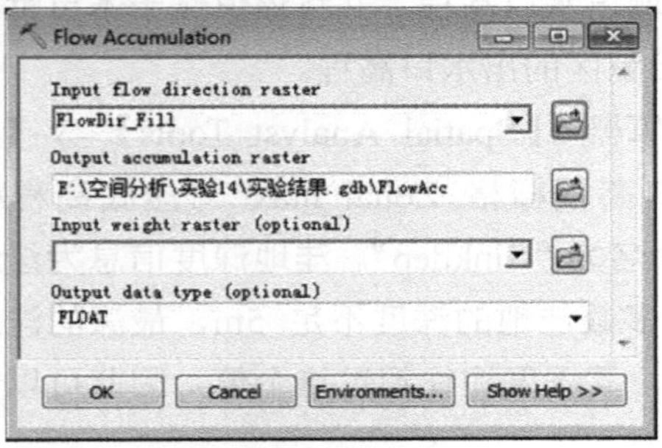

图 14.8 汇流累积量提取

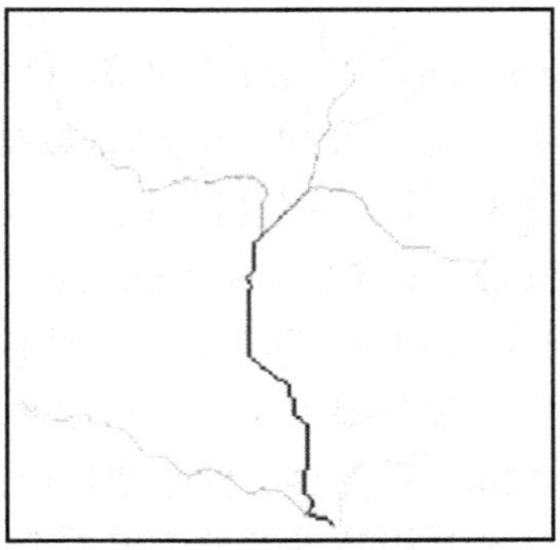

图 14.9 汇流累积量计算结果

6. 栅格河网的提取

基于汇流累积量，设置合理阈值，提取栅格河网。本实验中采用 100 作为阈值，将汇流累积量大于 100 的像元提取出来。在栅格计算器中，采用 SetNull 函数，将值小于 100 的像元设为空值，否则赋值为 1。打开栅格计算器，在其文本框中输入 SetNull ("FlowAcc " < 100,1)，输出栅格数据命名为“StreamRaster”。

7. 栅格河网矢量化

打开水文分析工具集中的栅格河网矢量化工具（Stream to Feature），输入栅格河网 StreamRaster 和流向栅格 FlowDir_Fill，输出的矢量河网数据命名为“StreamFeature”（图 14.10）。输出结果如图 14.11 所示。

8. 剔除伪沟谷

由于 ArcGIS 采用 D8 单流向算法提取河网，在平地区域（如谷底）容易产生平行河网，这种平行状的沟谷是伪沟谷（图 14.12），需要人工判断并手动删除。启动 Editor 编辑器，找到呈平行分布且密集的河段，采用删除、移动节点等方式，去掉多余的平行段，并将剩下的河段线连接到保留下的平行河段上，然后停止编辑并保存数据。

图 14.10　栅格河网矢量化

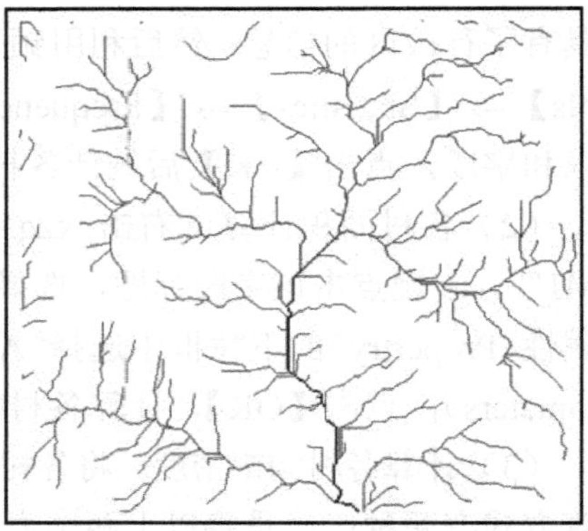

图 14.11　矢量河网提取结果

9. 计算整个区域的沟壑密度

（1）沟谷总长度计算。打开 StreamFeature 的属性表，点击 Shape_Length 字段标题，选择“Statistics…”，在弹出的对话框中查找统计列表中的 Sum 值即为沟谷总长度（图 14.13）。

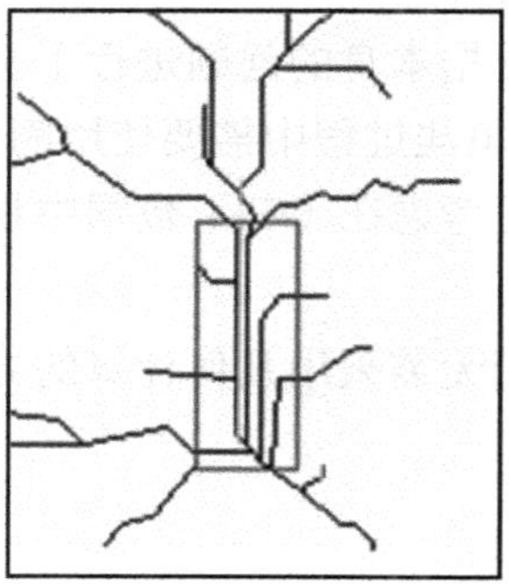

图 14.12　伪沟谷

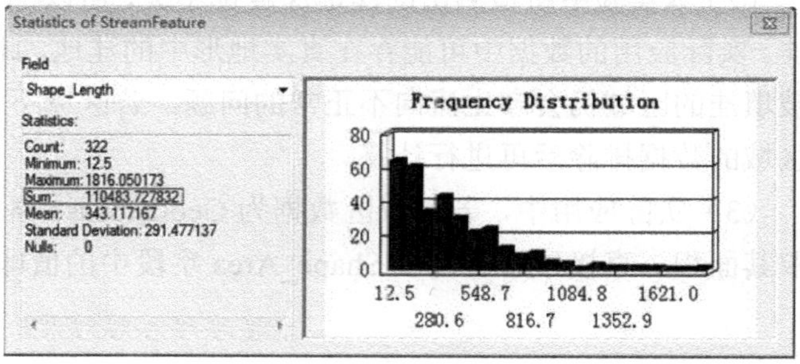

图 14.13　沟谷长度统计

（2）区域总面积计算。首先右击 Fill_DEM 图层，打开属性表，右键点击 Count 字段标题，选择“Statistics…”，找出 Sum 值得到总像元数。其次右击 Fill_DEM 图层，点击【Properties…】，在图层属性对话框中点击 Source 选项卡，找出像元大小。最后，将像元总数乘以每个像元的面积，求出区域总面积。

（3）总沟壑密度。将沟壑总长度与区域总面积相除，并经单位换算，即可得到整个区域的沟壑密度。

10. 各村沟壑密度的计算

（1）各村沟壑长度计算。首先采用相交叠加工具 Intersect（【ArcToolbox】→【Analysis Tools】→【Overlay】→【Intersect】），将沟谷数据 StreamFeature 与分村行政区数据 xzq 叠加，输出数据命名为“xzq_StreamFea”。浏览叠加后生成的数据属性表，可以看到沟谷具有了行政区的信息；然后利用频数统计工具 Frequency（【ArcToolbox】→【Analysis Tools】→【Statistics】→【Frequency】)，以 name 字段为频数字段，以 Shape_Length 为求和字段，点击【OK】后统计各村的沟谷长度。

（2）各村面积计算。右击 xzq.shp 图层，打开属性表，添加一个双精度型的字段“MJ”，右键点击该字段标题，选择“Calculate Geometry…”，弹出计算几何对话框，在属性（Propertry）的下拉框中选择“Area”，在单位（Units）下拉框中选择平方千米（Square Kilometers），点击【OK】，计算各村的面积。

（3）计算各村沟壑密度。将各村的沟谷长度除以面积，则可计算出各村的沟壑密度。计算方式有两种：一是将以上两个表输出为 dbf 数据，在 Excel 中打开后进行计算；二是以 name 为公共字段，采用属性连接（Join）的方式将两个表的信息连接到一个表中后，再采用字段计算器进行计算。计算中，需要将沟谷长度除以 1000，将其长度单位由米换算成千米。

六、实验说明

（1）汇流量阈值是河网提取的一个关键指标，对结果的影响极大。采用哪一个值作为阈值，往往需要考虑区域的降水量，并结合实地验证来最终确定。

（2）本实验中所检测出的洼地深度都不大，所以都当作数据本身的问题进行了全部填洼。实际应用的数据中可能存在真实地形中的洼地，此时在填洼过程中需要使用阈值。未被填洼的区域仍会产生流向不正常的问题，若区域不大，可考虑在 DEM 数据中将这些区域的数据排除后再进行计算。

（3）实际应用中，若行政区数据为 Geodatabase 格式，则无需采用几何计算的方式求取其面积，直接采用属性表 Shape_Area 字段中的值即可。

实验十五　三维显示与分析

一、实验目的

了解三维分析的基本原理和方法，掌握三维景观图和三维动画的制作，并运用三维缓冲区分析三维空间中的要素影响范围问题。

二、实验内容

（1）根据 DEM 数据，对地形进行三维显示；根据遥感影像制作三维景观地图；采用不同方法进行三维动画的制作。

（2）假设某农户在农田中燃烧秸秆，在静风的情况下烟尘向四周的扩散距离为 150m，利用三维分析工具查找影响空间范围，并提取燃火点影响范围的地表边界线。

三、实验原理与方法

实验原理：三维可视化的关键是三维要素本身具有或能够从其他要素获取地表特性，如高程。DEM 在三维显示时，从自身获取高程值；以 DEM 生成阴影，并与 DEM 透明叠加，可增强三维的立体效果；遥感影像从 DEM 数据中获取高程，可以生成三维景观地图。三维场景中，通过背景、垂直拉伸等场景属性的设置，结合导航等工具，可以多角度浏览三维数据。通过捕获关键帧、录制浏览过程、制作飞行动画等方式，可以生成三维动画。三维缓冲区与地表的叠加，可以生成地表交界线。

实验方法：采用 DEM 生成地形阴影，进行透明叠加生成三维的地貌晕渲图，对地形进行三维显示和浏览；根据遥感影像，从 DEM 中获取高程，制作三维景观地图；采用捕获视图、录制视图、飞行视图等方法进行三维动画的制作。将二维平面的点数据按高程将其转为三维点数据，并以此创建三维缓冲区，将其与地表多面体进行叠加，找出燃火点的三维地表影响范围。实验流程见图 15.1。

四、实验设备与数据

（1）实验设备：计算机。

（2）主要软件：ArcGIS 10（具有三维分析扩展模块）。

（3）实验数据："实验 15"文件夹下的相关数据，包括高程数据（DEM）、范围数据（Area）、飞行路线数据（Flypath）、遥感影像数据（RSYX）、燃火点（FirePoint）。

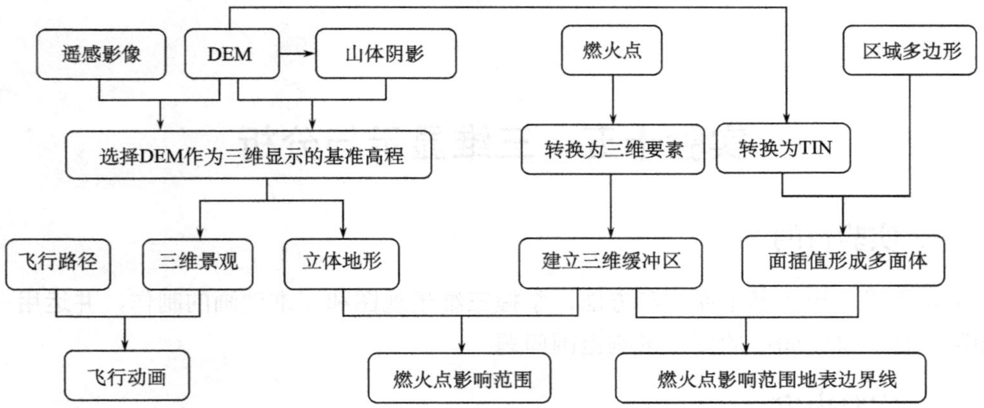

图 15.1　实验流程图

五、实验步骤

1. 实验准备

（1）激活模块。打开 ArcScene，单击【Customize】→【Extensions…】，勾选“3D Analyst”，激活三维分析扩展模块。

（2）加载并浏览数据。加载高程数据（DEM）和遥感影像数据（RSYX），在显示区中拖动鼠标，从不同角度浏览数据。

（3）新建数据库。右键点击【Catalog】中的“实验 15”文件夹，新建一个 File Geodatabase，命名为“实验结果.gdb”，用于存放实验结果数据。

（4）设置分析环境。打开 ArcToolbox，右键点击【ArcToolbox】→【Environments…】，打开环境设置对话框，在 Workspace 选项卡中将临时工作空间（Scratch Workspace）设置为“实验 15\实验结果.gdb”。

2. 地形的三维显示

（1）DEM 的三维显示。右键点击 DEM 图层，选择“Properties…”，在打开的图层属性对话框（Layer Properties）中，选择基准高程（Base Heights）选项卡，在 Elevation from surfaces 面板下选择“Floating on a custom surface”，并在其下拉列表框中选择 DEM 数据，即三维场景的高程将源于选中的 DEM 的表面。必要时可以调整垂直方向转换系数，以突出（缩小）地形起伏或满足水平距离与高程单位不一致的需要（图 15.2）。选择符号化（Symbology）选项卡，在拉伸（Stretched）显示方式下，选择从蓝色至红色过渡的色彩条，勾选转置（Invert），即用蓝色表示低海拔区，红色表示高海拔区。最后点击【确定】生成地形的三维立体效果（图 15.3）。点击工具条上的导航按钮，拖动鼠标，从不同角度浏览区域地表的起伏状况。

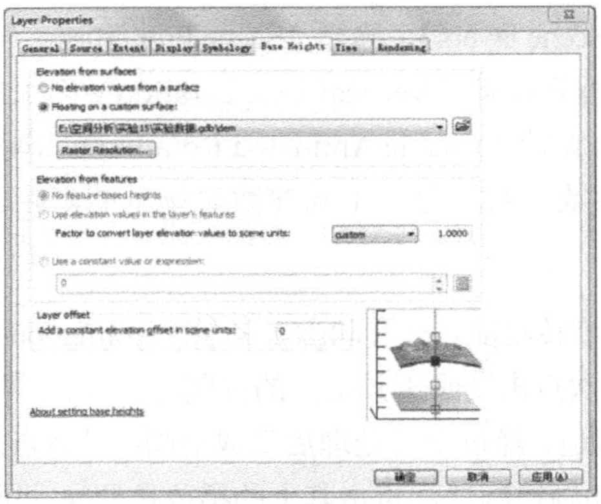

图 15.2　基准高程设置

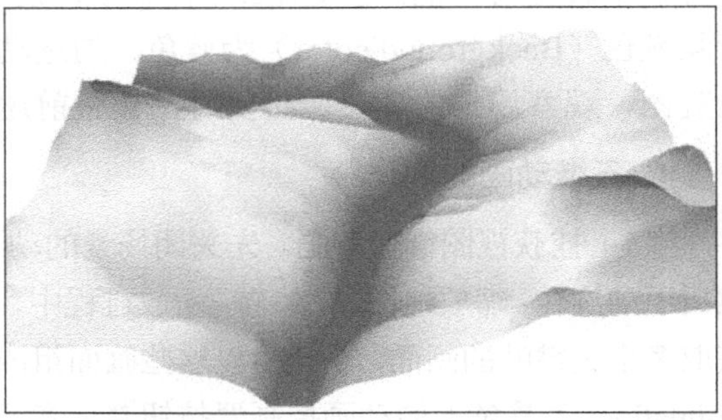

图 15.3　地形的三维立体显示效果

（2）地貌晕渲图的制作。首先打开阴影计算工具（【ArcToolbox】→【3D Analyst Tools】→【Raster Surface】→【Hillshade】)，以 DEM 为输入数据，其余采用默认值，点击【OK】后创建山体阴影。然后右键点击山体阴影图层，选择属性（Properties）打开其属性对话框，在 Base Heights 选项卡（图 15.2）中设置从 DEM 中获取高程；在 Display 选项卡中将其透明度（Transparency）设置为 50%，点击【确定】后生成山体阴影的三维图层。最后将 DEM 图层的透明度也设置为 50%，与阴影图层一起透明叠加形成晕渲图（图 15.4）。观察该图，可以发现它相比单一图层具有更好的立体显示效果。

3. 创建三维景观

（1）生成景观图。右键点击遥感影像（RSYX）图层，选择属性（Properties）打开其属性对话框，在 Base Heights 选项卡下设置从 DEM 中获取高程，其余采用默认值；点击【确定】后生成三维景观图（图 15.5）。关闭其他图层，使用工具条上的导航、飞行等工具，旋转、缩放地图，从不同角度、不同高度、不同距离上浏览地图。

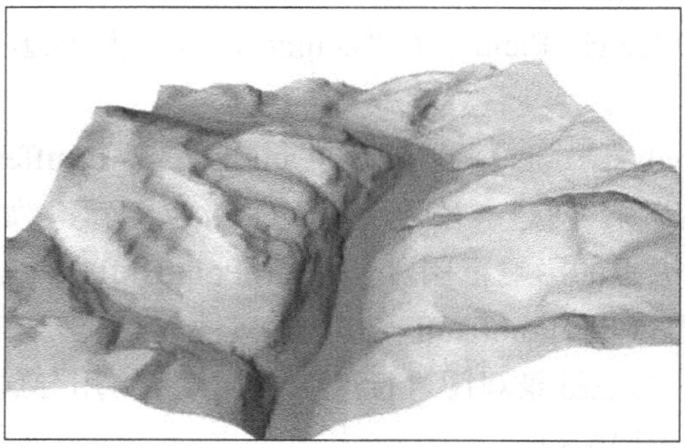

图 15.4　DEM 与山体阴影透明叠加显示

图 15.5　三维景观

（2）修改场景属性。右键点击内容表中的【Scene layers】，选择“Scene Properties…”，打开场景属性对话框，在 General 标签下，设置垂直拉伸（Vertical Exaggeration）为 1.5、背景颜色（Background color）为蓝色，勾选动画旋转（Enable Animated Rotation）。浏览景观图，观察场景的变化。必要时，调整前述参数，对比分析不同参数对场景的影响。

4. 三维动画的制作

（1）捕获视图创建动画。先关闭场景的动画旋转功能，打开动画工具条（Animation）；然后手动旋转、缩放地图，在旋转、缩放过程中，多次点击动画工具条上的视图捕获按钮，获取多个关键帧的画面，系统将以这些画面组成轨道，经过平滑处理后生成动画；最后点击 Animation 工具条上的动画控制器按钮，打开动画控制器，点击其上的播放按钮进行动画播放。播放完毕后，点击 Animation 下拉菜单中的【Clear Animation】，清除动画。

（2）录制视图创建动画。先点击动画控制器的录制按钮，按钮变为红色；然后对三维视图进行浏览，浏览完成后点击动画控制器上的停止按钮结束录制，视图的变化情况将被录制下来生成动画。点击播放按钮，浏览过程中的视图将以动画形式进行播放。播放完毕，清除动画。

（3）创建飞行动画。先加载飞行路径数据 Flypath，对其符号化，并将其基准高程指定为从 DEM 表面获取。观察线路，可以发现飞行线路为沿河谷飞行；再采用工具栏上的要素选择按钮，选中飞行路线；然后在动画工具条的下拉菜单中，选择“Create Flyby From Path…”，将 Vertical offset 设置为 500（即飞行高度海拔 500m），适当调整简化系数（Simplification factor），其他保持默认值，点击【Import】，完成沿指定路径飞行动画的创建；最后点击播放按钮，即可按飞行线路进行三维动画播放。

（4）输出动画。点击动画工具条上的【Animation】→【Export Animation…】，指定动画名称，将其输出为 AVI 视频文件。用任一视频播放软件播放该动画。

5. 燃火点影响范围分析

（1）加载燃火点数据（FirePoint），并打开“依据属性实现要素转 3D”工具（【ArcToolbox】→【3D Analyst Tools】→【3D Features】→【Feature To 3D By Attribute】）。设置输入要素为“FirePoint”，设置高程字段（Height Field）为“height”，点击【OK】，得到三维燃火点数据（图 15.6）。

（2）依次双击【ArcToolbox】→【3D Analyst Tools】→【3D Features】→【Buffer 3D】，打开三维缓冲区工具。根据烟尘的影响范围，创建半径为 150m 的三维缓冲区，如图 15.7 所示设置相关参数，点击【OK】，得到燃火点的影响范围，记为“FirePointBuffer3d”。

（3）打开上一步生成的三维缓冲区图层（FirePointBuffer3d）的属性对话框，在 Display 选项中，将图层的透明度设置为 50%，与三维景观图进行透明叠加显示，用导航工具旋转、缩放视图，观察烟尘的影响范围（图 15.8）。

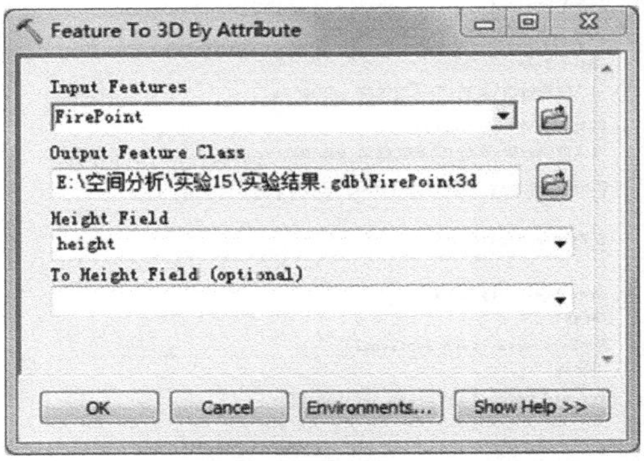

图 15.6　依据属性将二维要素转换成三维要素

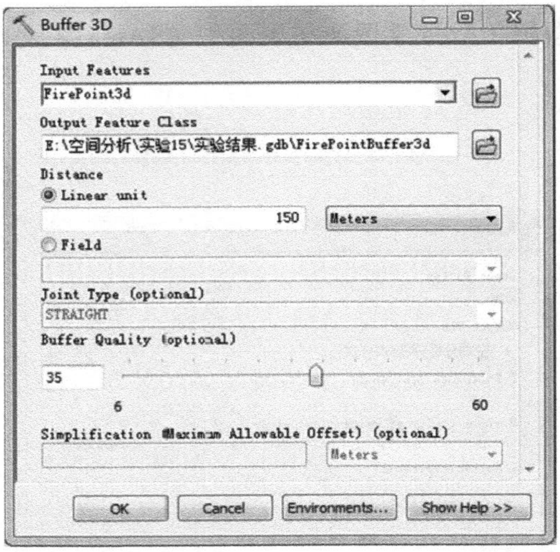

图 15.7　三维缓冲区的建立

图 15.8　燃火点的影响范围

6. 燃火点影响范围地表边界线的提取

（1）依次双击【ArcToolbox】→【3D Analyst Tools】→【Conversion】→【From Raster】→【Raster to TIN】，打开“栅格转 TIN”工具。如图 15.9 所示设置相关参数，将栅格 DEM 数据转换为 TIN 数据。

（2）依次双击【ArcToolbox】→【3D Analyst Tools】→【Triangulated Surface】→【Interpolate Polygon to Multipatch】，打开“面插值成多面体”工具。将 TIN 作为输入表面，研究区范围 Area 作为输入要素类，点击【OK】，得到三维的地形多面体数据，记为“Multipatch”（图 15.10）。浏览 Multipatch 属性表，可以看到表中记录了该区域的平面

面积（Area 字段）与表面积（SArea 字段）。

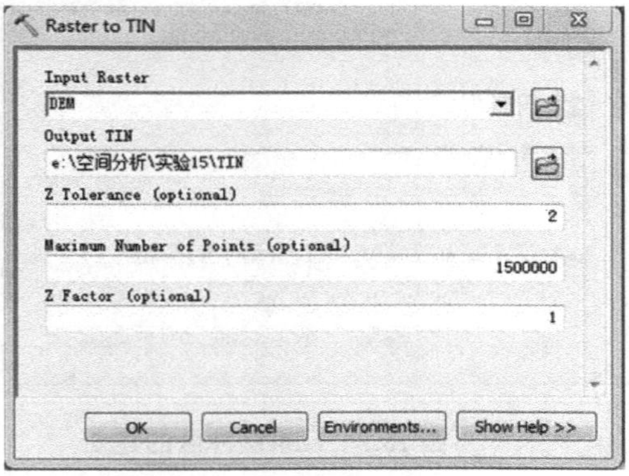

图 15.9　DEM 转 TIN

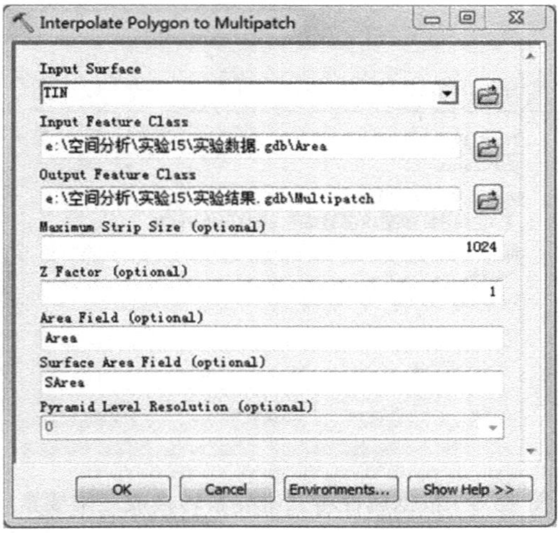

图 15.10　面插值成多面体

（3）依次双击【ArcToolbox】→【3D Analyst Tools】→【3D Features】→【Intersect 3D】，打开三维相交工具。如图 15.11 所示，将地形多面体数据 Multipatch 与燃火点缓冲区多面体数据 FirePointBuffer3d 作为输入的叠加数据，输出数据命名为“FireareaLine”，几何类型（Output Geometry Type）选择“LINE”，点击【OK】，得到燃火点影响范围在地表的边界线（图 15.12）。

（4）将生成的燃火点范围边界线 FireareaLine 加载至 ArcScene 中，置于遥感影像图层之上，对其进行符号化（加粗、加深线条），观察其形状，理解其形成的机理。

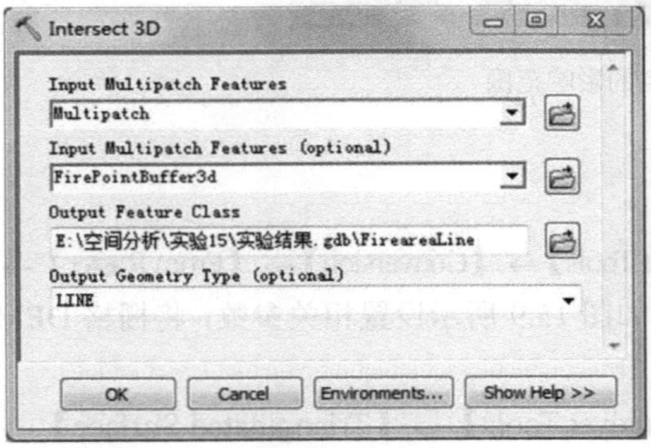

图 15.11　三维相交

图 15.12　燃火点影响范围地表边界线

六、实验说明

（1）实验中生成的燃火影响范围未考虑风向和热力等方面的作用，是一种理想状态下的模拟，在实际应用中，应考虑环境条件对模拟结果进行修正。

（2）由于在面插值生成多面体数据的过程中存在一定的误差，该实验生成的区域地形多面体数据 Multipatch 中记录的平面面积，与区域多边形 Area 中记录的平面面积存在一定的差异。

实验十六　空间图解建模

一、实验目的

了解图解建模的基本原理和一般过程，掌握图解建模的基本方法，能够根据 GIS 软件的图解建模工具，结合具体的应用，建立从简单到复杂的空间图解模型，学会修改和使用脚本文件。

二、实验内容

（1）利用 ArcGIS 的图解建模工具 Model Builder，建立图解模型，实现空间数据的属性连接、字段创建、属性计算与要素提取。

（2）利用该模型进行简单的批量输入与处理。

（3）在新模型中创建要素类迭代器读入多个数据，将前述模型作为子模型引入，构建主模型以实现多个要素的自动批量处理。

（4）新建模型，综合运用迭代器、值收集器及空间处理等工具，将多个相邻数据进行合并与融合。

（5）将模型输出为脚本，修改脚本实现数据的批处理。

三、实验原理与方法

实验原理：空间图解建模是用直观的图形语言表达一个具体的空间处理过程，它以流程图的形式执行空间分析任务。ArcGIS 的模型构建器（Model Builder）专门用于构造地理处理工作流和脚本的图形化建模。封装好的模型可以保存为工具箱中的工具，可以实现简单的批量处理，也可以在构建新模型时直接调用。迭代器（Iterators）可以在模型构建器中实现不同的数值、数据等方面的迭代操作，是批量处理数据的重要工具。仅模型工具（Model Only Tools）可以支持模型构建器中的高级行为，其中的值收集器（Collect Values）专用于收集迭代器的输出值，以供其他工具使用。脚本是一种能够实现某种功能的文本文件，在单过程的脚本文件中加入循环语句，也可以实现对批量数据的自动读取与处理。

实验方法：新建子模型，加入 Join Field、Add Field、Calculate Field、Select 工具，添加连接，设置模型变量和模型参数，实现属性字段的添加、外部数据的输入和要素的提取；采用 Batch 方式实现简单的批量数据处理；新建主模型，采用迭代器读入多个数据，并与子模型连接，在设置变量和参数后实现批量数据处理；将迭代器、值收集器、Merge 和 Dissolve 等工具结合起来建立图解模型，用于多个相邻图幅数据的合并与融合；

将模型输出为脚本文件，认识并分析脚本文件，修改脚本并添加循环以实现对数据的批处理。实验流程见图 16.1。

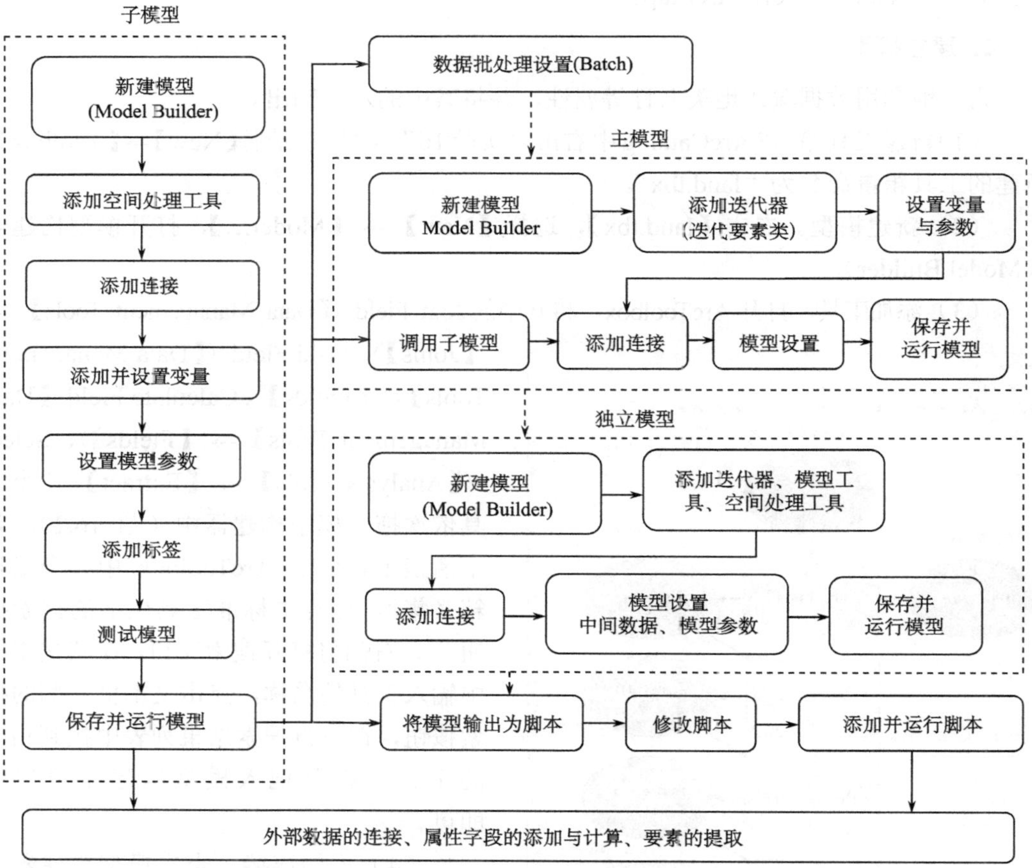

图 16.1　实验流程图

四、实验设备与数据

（1）实验设备：计算机。

（2）主要软件：ArcGIS 10 等。

（3）实验数据：“实验 16”文件夹下的数据，包括 Landuse 数据库中的相邻 6 幅土地利用数据（H48G067081 等），以及土地名称代码表（landusecode）。

五、实验步骤

1. 浏览数据

在 ArcMap 中加载 Landuse 数据库中的所有数据，了解 6 个图幅之间的相邻关系，打开其属性表，了解其属性数据的输入情况。注意地类编码字段（DLBM）中，已为每个地类图斑输入了地类编码。打开代码表 landusecode，了解每个代码（Code）所对应的地类名称（Name）。关闭 ArcMap。

2. 建立模型

为土地利用数据输入地类名称等属性，并将其中的水田输出。

（1）新建工具箱。在 ArcCatalog 中右击“实验 16”文件夹，选择【New】→【Toolbox】，新建的工具箱重命名为“land.tbx”。

（2）新建模型。右击【land.tbx】，选择【New】→【Model…】，打开模型构建器（Model Builder）。

（3）添加工具。打开 ArcToolbox，将其中的 Join Field（【Data Management Tools】→【Joins】）、Add Field（【Data Management Tools】→【Fields】）、Calculate Field（【Data Management Tools】→【Fields】）、Select（【Analysis Tools】→【Extract】）4 个工具依次拖入模型构建器中（图 16.2）。若不清楚工具位于 ArcToolbox 中哪个工具箱（集），可点击标准工具栏上的搜索按钮，右侧将打开搜索窗口，在其文本框中输入工具的名称，点击文本框右侧的搜索按钮，在下方搜索结果列表中找到相应的工具，将其拖入模型构建器窗口中即可。

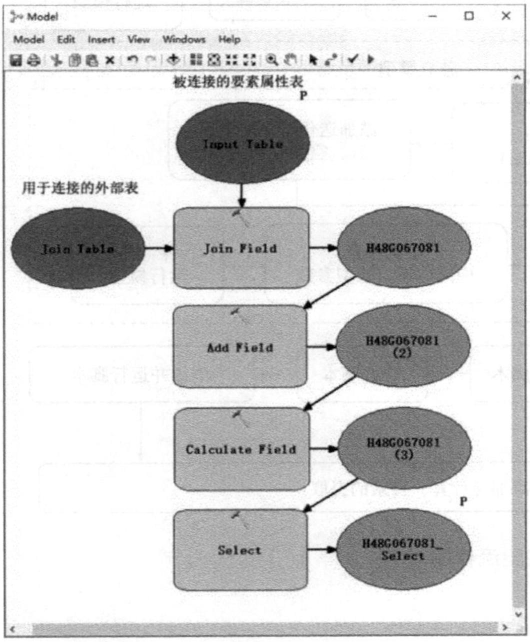

图 16.2　模型构建

（4）添加连接。点击模型构建器工具栏上的连接按钮，依次将前 3 个工具的输出与下一个工具连接起来（图 16.2）。在前两个连接时出现的选项中，选择“Input Table”，连接线为实线箭头；后一个连接中选择“Precondition”，连接线为虚线箭头。

（5）变量设置（为 Join Field 工具添加变量）。右击【Join Field】，选择【Make Variable】→【From Parameter】→【Input Table】，添加 Input Table 变量，单独选中该变量并将其拖到 Join Field 工具上方；再次右击【Join Field】，选择【Make Variable】→【From Parameter】→【Join Table】，添加 Join Table 变量（图 16.2）。接下来将“实验 16”文件夹下 Landuse 数据库中的 landusecode 表拖到 Join Table 变量中，将一幅土地利用数据（如 H48G067081）拖入 Input Table 变量中，变量有值后会变成蓝色。双击 Join Field 工具，在 Input Join Field 的下拉框中选择“DLBM”，在 Output Join Field 的下拉框中选择“CODE”；点击【OK】

完成设置，此时工具和输出变量均变成彩色。Join Field 工具将会通过公共字段（土地利用数据中的 DLBM 字段与 landusecode 表中的 CODE 字段），将 landusecode 表中的字段连接到土地利用数据的属性表中。

（6）变量设置（为 Add Field 工具添加变量）。双击 Add Field 工具，在 Field Name 的文本框中输入“CodeName”，在 Field Type 下拉框中选择“TEXT”，在 Field Length 文本框中输入 20，点击【OK】完成设置。

（7）变量设置（为 Calculate Field 工具添加变量）。双击 Calculate Field 工具，在 Field Name 下拉框中选择“CodeName”，点击 Expression 文本框右侧的按钮，在打开的字段计算器中输入[CODE] & [NAME]，连续两次点击【OK】完成设置。

（8）变量设置（为 Select 工具添加变量）。双击 Select 工具，在 Input Features 的下拉框中选择上一步 Calculate Field 工具的输出变量，点击 Expression 文本框右侧的按钮，在打开的查询构建器中，根据相关要素输入 CodeName = '011 水田'，连续两次点击【OK】完成设置。此时，该工具与上一个工具的输出变量之间的连接线由虚线变为实线。

（9）参数设置。右键点击【Input Table】，在弹出的菜单中选择“Model Parameter”，则该变量的右上方将出现字母 P，表明该变量将作为参数出现在以后模型运行时的窗口中（图 16.2）。用同样的方法将模型最后的输出结果也设置为参数。

（10）添加标签。为便于模型的阅读，可为变量添加标签。右击【Input Table】，选择“Create Label”，将生成的标签拖到变量的上方，双击该标签为其输入文本“被连接的要素属性表”；用同样的方法为 Join Table 添加标签文本“用于连接的外部表”（图 16.2）。

（11）测试模型。先点击工具栏上的验证按钮✔进行模型验证；然后点击工具栏上的运行按钮▶运行模型。运行过程中，可以点击运行界面上的 Details 按钮，显示运行过程中的相关信息，并观察模型窗口中红色指示标志的移动，它反映模型当前正在进行的操作。运行过程中若存在问题，可以根据出错信息进行分析，然后在相应工具上进行修改，修改完成后继续运行模型。运行成功后，浏览原数据和选出的水田数据的属性表，可以发现表中新增加了 3 个字段，其中 CODE 和 NAME 是通过连接添加的两个字段，CodeName 是新建的字段，字段中的值将土地的代码和名称合在了一起。浏览完成后，删除增加的这 3 个字段和选出的水田数据，原数据将供后续使用。

（12）删除测试数据。双击 Input Table 变量，在打开的窗口中删除输入的数据，点击【OK】后模型中除 Join Table 外，其他工具、输出要素等的彩色消失。为便于理解模型，可将模型中的输入变量和最右侧的 4 个输出变量重命名，如依次改为输入表格、连接属性输出表、添加字段输出表、计算字段输出表、要素提取输出表（图 16.3）。

（13）保存并重命名模型。先通过点击菜单【Model】→【Save】或工具栏上的💾按钮，保存模型；然后关闭模型构建器，在 land 工具箱中，将模型 model 重命名为“属性输入与要素提取子模型”。

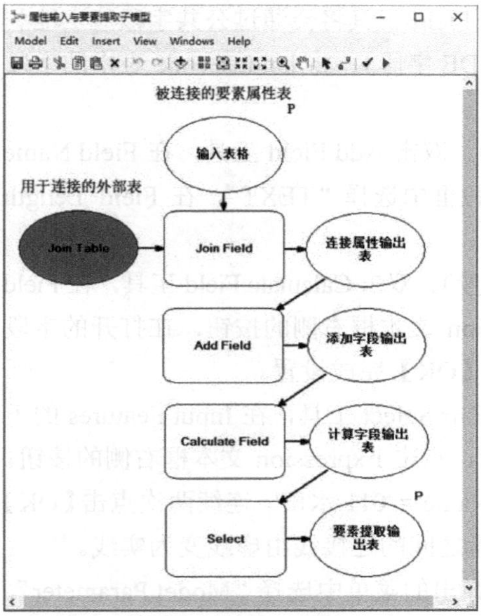

图 16.3　模型修改

（14）运行模型。双击模型，打开模型对话框，此时作为参数的模型最初输入变量和最后输出变量均出现在窗口中。从 landuse 数据库中拖入另一图幅的数据（如 H48G067082），采用默认的输出路径与命名，点击【OK】，再次运行模型、浏览数据，浏览结束后，删除增加的字段和输出的数据。

3. 模型的批处理

在 land 工具箱中，右击【属性输入与要素提取子模型】，选择“Batch…”，打开批处理对话框，将 landuse 数据库中两个以上的土地利用数据拖入其中，点击【OK】，模型将对所有的输入数据进行依次处理（图 16.4）。浏览这些数据的属性表，检查字段及属性的变化。检查完成后删除新增的字段和数据。

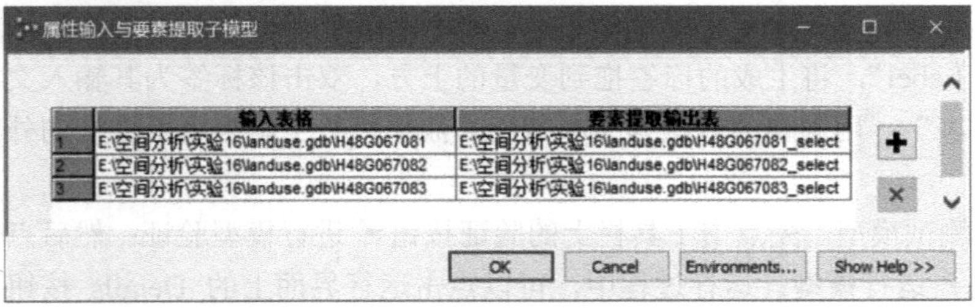

图 16.4　模型的批处理

4. 迭代器的生成与主模型的建立

（1）迭代器的生成。右击 land 工具箱，选择【New】→【Model…】，新建一个模型；点击模型构建器菜单【Insert】→【Iterators】→【Feature Classes】，在窗口中添加一个迭代要素类（Iterator Feature Classes）工具；右击该工具（【Make Variable】→【From Parameter】→【Workspace or Feature Dataset】），为其添加变量 Workspace or Feature Dataset，单独选中并右击该变量，选择【Model Parameter】，将其设置为模型参数；再为该工具添加一个 Wildcard 变量（【Make Variable】→【From Parameter】→【Wildcard】），双击该变量，然后在弹出的文本框中输入 H48G*，点击【OK】并将该变量也设置为参数；双击该工具，在 Feature Type 下拉框中选择“POLYGON”；点击【OK】完成设置（图 16.5）。该工具可以把输入位置中名称以 H48G 开头的多边形要素类数据读入迭代器中。

（2）子模型加载与主模型的生成。将“属性输入与要素提取子模型”拖入主模型迭代器下方，将迭代器的输出变量与子模型连接（图 16.5），在弹出的选项中选择“输入表格”（Input Table）。在实验 16 文件夹下新建一个 File Geodatabase，命名为“011 水田”，用于存放输出的水田数据。双击子模型，在输出数据的文本框中设置路径和名称“实验16\011 水田.gdb\%Name%_水田”。其中的%Name%是行内变量替换，即采用迭代器的输出变量 Name 中的值作为输出数据的值。点击【OK】完成设置。然后，将子模型的输出设置为模型参数，并将其重命名为“输出水田”。

（3）保存并运行主模型。保存模型，关闭模型构建器。在 land 工具箱中，将该模型重命名为“主模型”。双击打开主模型，将 landuse 数据库拖入输入框中，其余采用默认值（图 16.6）。点击【OK】后将在“011 水田”数据库中生成各图幅的水田数据。浏览数据，观察原数据和输出数据的变化，理解行内变量的作用。

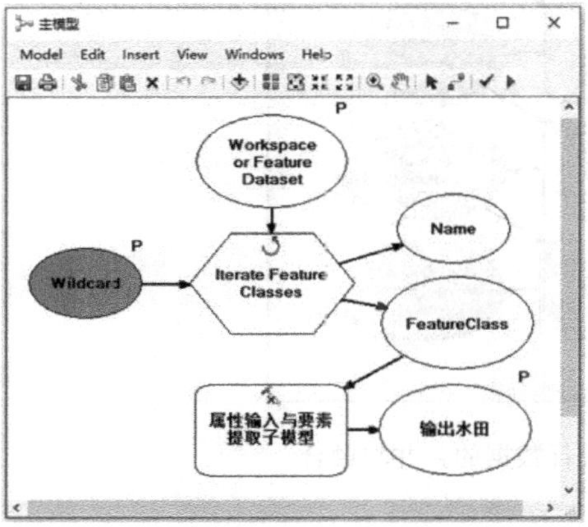

图 16.5　采用迭代器与子模型构建主模型图

图 16.6　主模型运行窗口界面

5. 建立数据合并与融合模型

（1）复制迭代器。在 land 工具箱中新建一个模型，将以上主模型中的迭代器（Iterator Feature Classes 工具及其输入、输出变量），复制到新模型之中（图 16.7）。

（2）插入值收集器。点击菜单【Insert】→【Model Only Tools】→【Collect Values】，在模型中插入一个值收集器，将其拖到迭代器下方，并将它与迭代器的输出变量连接起来，连接选项选择“Input Value”。

（3）依次加入 Merge（【Data Management Tools】→【General】）工具和 Dissolve（【Data Management Tools】→【Generalization】）工具，按图 16.7 所示的顺序进行连接，连接选项分别为 Input Datasets、Precondition。

（4）设置保留中间数据。右击 Merge 工具的输出变量【Output Dataset】，在弹出的菜单中点击【Intermediate】，取消对中间数据的选择，即模型运行后会将该中间数据保留在硬盘上。

（5）添加测试数据并设置模型。将 landuse 数据库拖入迭代器的 Workspace 变量中，双击 Dissolve 工具，在 Input Feature 的下拉框中选择“Output Dataset”，在 Disssolve_Fields 中，选择 CodeName 字段，即基于该字段进行多边形的融合。点击【OK】完成设置。

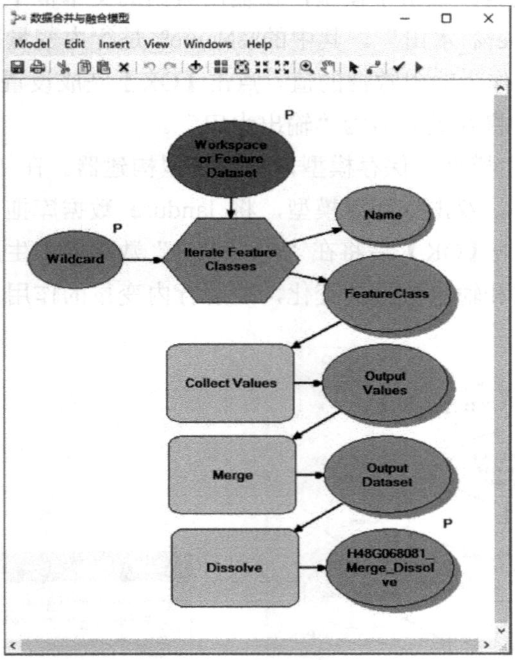

图 16.7　采用迭代器进行数据的合并与融合

（6）测试模型。点击工具栏上的运行按钮，运行模型。运行完成后，浏览新生成的两个数据，并进行对比分析，了解两个工具的功能。

（7）修改并保存模型。删除模型的输入数据，修改模型最后输出变量的名称，并将其设置为模型参数。点击菜单【Model】→【Save As...】，将模型另存为“数据合并与融合模型”。关闭模型构建器。此时可以通过双击模型，将它用于其他数据的合并与融合。

6. 将模型转换成脚本

（1）输出脚本。分别打开以上 3 个模型（右键点击模型，选择“Edit...”），点击模型构建器菜单【Model】→【Export】→【To Python Script...】，将模型输出为 Python 的脚本文件（*.py），并用文本编辑器 Notepad 打开，分析脚本文件，了解脚本之间的组成结构，以及各个工具之间的关联关系。

（2）修改脚本，添加循环。修改“属性输入与要素提取子模型”的脚本文件，加入循环语句。用记事本（Notepad）打开“属性输入与要素提取子模型”脚本文件，对其进行增加、删除、替换、添加空格等操作。如图 16.8 所示，图中标出了需要删除和增加的语句，单下划线的部分需要替换，双下划线的部分需要添加空格。为便于对比，读者也可在需要删除或修改的语句前添加#号，将其变为注释行，复制待修改的语句于其后再进行修改。修改完成后保存脚本。

（3）添加编辑后的脚本。右键点击 land 工具箱，选择【Add】→【Script...】，打开添加脚本对话框，将脚本名称和标签内容均设为“属性输入与要素提取批处理”，添加必要的注释；点击【下一步】，添加修改后的脚本文件；再次点击【下一步】，在 Display Name 列中依次添加“输入数据位置”“连接表格”“输出数据位置”3 个参数，在 Data Type 列中分别为参数选择 Workspace or Feature Dataset、Table、Workspace or Feature Dataset 类型（图 16.9）。点击【Finish】完成设置。

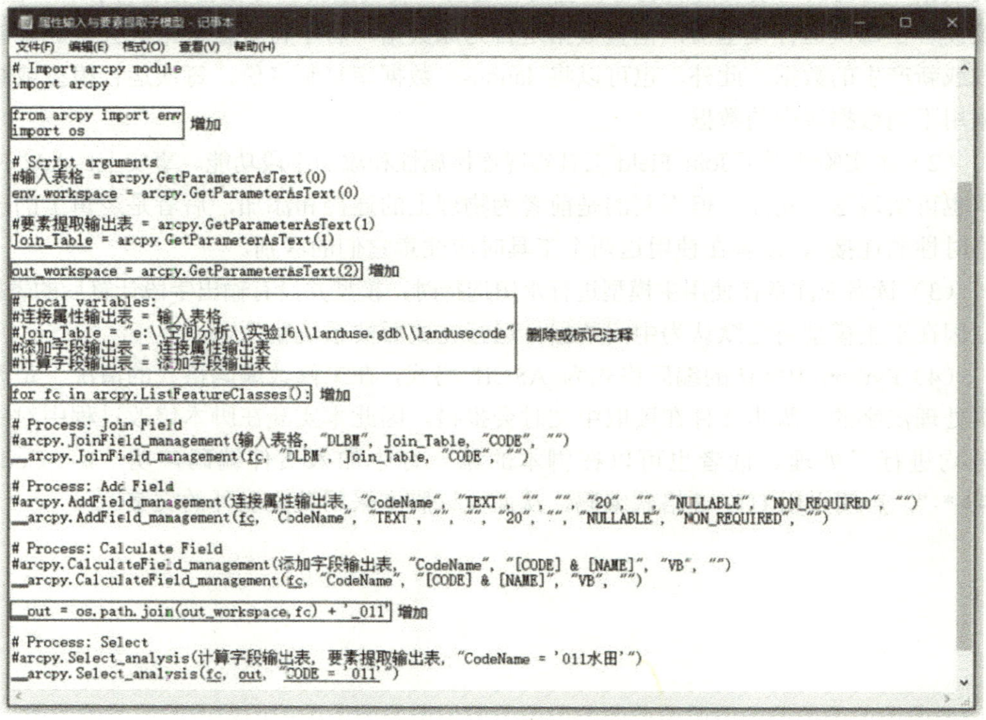

图 16.8　修改脚本文件

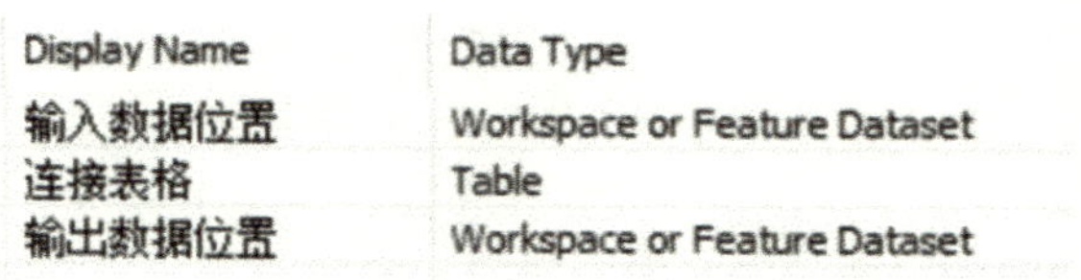

图 16.9　脚本参数设置

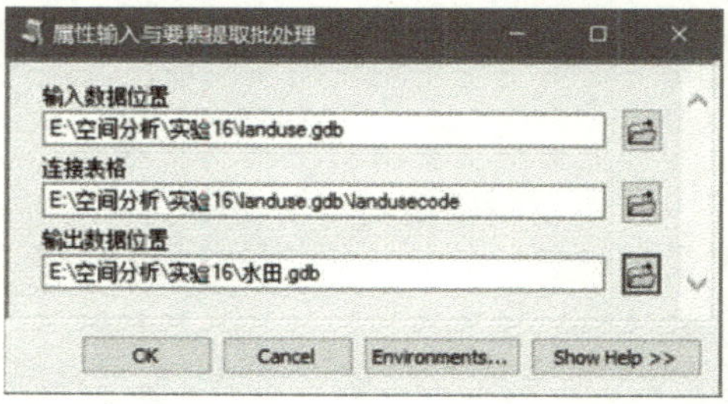

图 16.10　运行脚本

（4）运行脚本。双击 land 工具箱下的脚本，在打开的对话框中设置需要批处理的数据的输入路径（landuse 数据库）、连接表格（landusecode 代码表）、输出路径（在实验 16 文件夹下新建一个 File Geodatabase，并命名为“水田”），如图 16.10 所示，点击【OK】，运行脚本。运行中若出现错误，则可点击运行窗口中的 Details 按钮，观察问题之所在，然后返回脚本文件中进行修改，完成修改并保存后，再次运行模型直到完成任务。

六、实验说明

（1）模型调试过程中可能会发生错误，原因可能是已经对原数据添加了字段或生成了新的数据，当调试完成后再次运行模型时，这些字段或数据的存在会使程序报错。因此，建议读者在每次运行模型前，检查数据是否为原数据。若不符合要求，应尝试删除新增字段或新产生的数据。此外，也可以将 landuse 数据库复制多份，每次运行模型或脚本时采用不同数据库中的数据。

（2）本实验使用了 Join Field 工具实现连接属性和添加字段功能。事实上，Add Field 工具也可实现这一功能，但不同的是前者为物理上的连接和添加，后者是逻辑上的连接（临时性的连接）。读者在使用这两个工具时应注意它们的区别。

（3）读者应注意在使用主模型进行水田选择时，模型并没有输出字段计算后的表格，其原因在于主模型将它默认为中间数据，运行完成后被系统删除了。

（4）Python 中默认的编码格式为 ASCII 格式，在未修改编码格式的情况下是无法正确处理汉字的，脚本文件在读取中文时会报错，因此本实验在脚本修改过程中对中文部分均进行了处理。读者也可以在脚本的第一行中加入文件编码声明“#-*-Coding: Utf-8-*-”，声明采用 UTF-8 格式编码，从而允许脚本采用英文以外的文字。

实验十七　超市选址分析

一、实验目的

了解解决空间选址问题的一般过程，熟练掌握基于栅格的距离分析、空间叠加分析、邻域统计分析等多种空间分析方法。

二、实验内容

确定城市中适宜新建超市的位置。

三、实验原理与方法

实验原理：空间选址是确定某一目标适宜的空间位置的过程。影响选址的因素或条件往往有多个，从技术角度来看，选址的过程实质是一个多因素或条件的空间叠加过程。基于矢量数据的选址，往往是只找出满足某一条件的区域，然后将所有的选址条件进行叠加，从而找出满足所有条件的区域。基于栅格数据的选址往往采用适宜性评估的模式，即先确定每个像元相对于单因素的适宜程度，再通过加权叠加计算总的适宜性水平，最后选择适宜性水平最高的区域作为备选位置。超市选址是一个复杂的综合性商业决策过程，通常要考虑消费需求、便利性，以及竞争性等因素。合理确定评估的因素及其权重，借助 GIS 的空间分析能力，可以确定较为理想的超市位置。

实验方法：首先综合考虑影响超市选址的因素，建立选址分析的评价指标体系；然后确定各指标的权重 W_j；按照指标获取相关的数据；确定各指标的最大影响距离 d_0、功能分 f_0 和功能衰减模型；利用距离工具计算每个因素的距离栅格数据 d_i，并根据最大影响距离计算相对距离系数 $r_i = d_i / d_0$,将超过最大影响距离的区域的距离系数（大于 1）设为 1；根据衰减模型、功能分和距离系数计算各因子的作用分；对各因子的作用分加权叠加 $F = \sum_{j=1}^{n}(f_j \cdot W_j)$，计算总分；排除禁止区域后对总分平滑处理，提取总分较高的区域作为适宜超市建设的区域。实验流程见图 17.1。

四、实验设备与数据

（1）实验设备：计算机。

（2）主要软件：ArcGIS 10。

（3）实验数据：“实验 17”文件夹下 Redingtown.gdb 中的相关数据，包括城镇范围（Boundary）、已有超市（ExistedMarkets）、拟拆迁区域（RemovingArea）、居民小区

（ResidenDistricts）、公交车站（stops）和街道（Streets）。

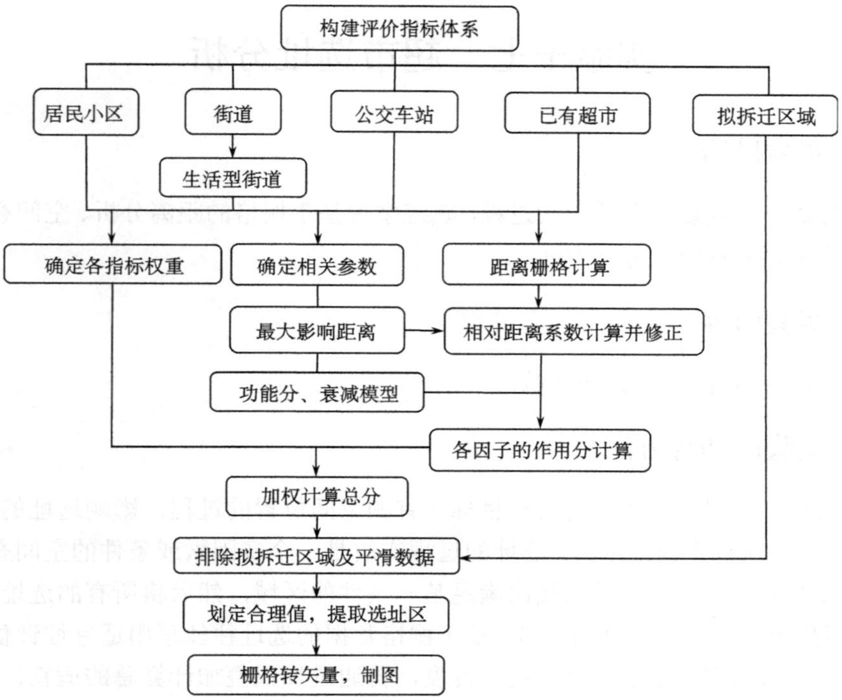

图 17.1 实验流程图

五、实验步骤

1. 超市选址影响因素分析

一般来说，超市周围需要一定的人口流量（人口因素），人口密度较大或离居民区较近；需要便捷的交通（交通因素），离生活型街道不要太远；需要便利的公交，离公交站应当比较近（公交因素）；要离已有的同类超市较远，避免同业竞争（竞争因素）。此外，超市不能建在近年拟拆迁的区域内（禁止因素）。据此，确定人流量、交通便捷度、公交便利度、同业竞争度 4 个因子作为选址的评价指标，同时考虑禁止条件的要求。

2. 确定指标的权重

因为不同因子对于评价目标（选址）的贡献率大小及重要性程度不同，所以要为不同的因子赋予不同的权重。确定权重的方法有特尔菲法、因素成对比较法、层次分析法、主成分分析法等。选择其中一种或几种方法，确定以上 4 个因子的权重。本实验中，人流量、交通便捷度、公交便利度、同业竞争度 4 个因子的权重分别为 0.36、0.23、0.12、0.19。

3. 根据指标获取数据

居住小区的数据较人口密度数据易于获取，因此可选用居住小区作为人流量因子的指标；交通便捷度因子的指标可采用城镇范围内的街道数据，因为生活型街道最宜于超市选址，所以可以采用街道中的生活型街道来作为交通便利度指标；公交便利度因素的指标可直接利用公交站数据；同业竞争度因素可采用已有超市数据。

4. 确定各指标的相关参数

（1）最大影响距离 d_0。考虑居民在超市所购物品主要是生活用品，确定居民出行的最大距离为 800m；生活型道路的影响距离一般不超过 500m；公交车站的辐射范围可根据相邻车站之间的平均距离，并结合实地抽样调查来确定，本实验采用 600m；已有超市的影响距离要根据超市规模并结合实地调查来确定，本实验采用 900m。

（2）功能分 f_0。功能分应当根据不同等级规模的居住小区、不同宽度或等级的街道、不同类型的公交站、不同规模的已有超市等而有所不同，具体的数据需要根据相关资料来计算。本实验中将所有要素的功能分均设为 100。

（3）衰减模型。考虑各因子随距离衰减的快慢程度差异，因此将街道的衰减模型设为指数模型 $f_i = f_0^{(1-r_i)}$，公交站和已有超市的设为二次模型 $f_i = f_0(1-r_i)^2$，居住小区的为线性模型 $f_i = f_0(1-r_i)$。

5. 计算各指标的距离栅格

（1）加载实验数据。打开 ArcMap，加载 Redingtown.gdb 中的所有数据，合理调整图层顺序，对要素进行符号化。

（2）激活扩展模块。点击菜单【Customize】→【 Extensions…】，在扩展模块列表中勾选 Spatial Analyst 复选框，激活空间分析模块。

（3）设置分析环境。打开 ArcToolbox 的环境设置对话框，在 Workspace 选项卡中将“实验 17\Redingtown.gdb”设置为临时工作空间；将 Processing Extent 中的范围（Extent）和 Raster Analysis 中的掩膜（Mask）均设置为与“Boundary”一致，像元大小设置为 5m。

（4）提取生活型街道。在 Streets 数据中选择“生活型”街道，将其输出命名为“StreetsLiving”。

（5）计算距离。采用欧氏距离工具（【ArcToolbox】→【Spatial Analyst Tools】→【Distance】→【Euclidean Distance】）分别对 ResidenDistricts、StreetsLiving、stops、ExistedMarkets 计算距离，输出结果分别命名为“D_Resid”“D_Streets”“D_stops”和“D_Markets”。

6. 计算各指标的相对距离系数

计算公式为 $r_i = d_i / d_0$，$0 \leqslant r_i \leqslant 1$。大于 1 的值必须修正为 1。

（1）采用栅格计算器（【ArcToolbox】→【Spatial Analyst Tools】→【Map Algebra】→【Raster Calculator】），分别将以上 4 个距离栅格数据除以各自最大影响距离，得到距离

系数栅格，可分别命名为“RR_Resid”“RR_ Streets”“RR_stops”“RR_ Markets”。

（2）再次采用栅格计算器，在文本框中利用 Con 函数将距离系数大于 1 的值设为 1。函数格式为 Con（InputRaster > 1,1,InputRaster）。修正后的数据可分别命名为“R_Resid”“R_Streets”“R_stops”“R_Markets”。

7. 计算各因子的作用分

根据各因子的距离衰减模型，以及功能分和上述的距离系数，在栅格计算器中计算各因子的作用分。其计算式分别为居住小区 100 * （1 -"R_Resid"）；街道 Power（100,（1 - "R_Streets"）；公交站 100 * Square（1 - "R_ stops "）；已有超市 100 * （1-Square（1 - "R_Markets"））。已有超市的计算与公交等因子不一样的是，它是一个逆向指标，即离的越近越不适宜。输出数据分别命名为“F_Resid”“F_Streets”“F_stops”“F_Markets”。

8. 加权计算总分

在栅格计算器中将各因子的作用分加权求和得到总分。权重采用以上第 2 步中确定的值。其计算式为"F_Resid" * 0.36 + "F_Streets" * 0.23 + "F_stops" * 0.12 + "F_Markets" * 0.19。输出数据命名为“F_Sum”。

9. 排除禁止区域

将拟拆迁区域（RemovingArea）数据转换为栅格数据，输出命名为“RemoveRaster”，其余均采用默认值。打开栅格计算器，在文本框中输入计算式 Con（IsNull（"RemoveRaster"）,0），输出命名为“RemoveNone”，点击【OK】后将拟拆迁区域的地方设为空值，其余像元设为 0；再次打开栅格计算器，输入计算式"RemoveNone"+"F_Sum"将两个栅格数据相加，输出数据命名为“F_Remove”。

10. 数据平滑

使用邻域统计工具（【ArcToolbox】→【Spatial Analyst Tools】→【Neighborhood】→【Focal Statistics】）对数据进行平滑处理。邻域采用 5×5 的矩形邻域，统计类型选择平均值“Mean”，输出数据命名为“F_Mean”。

11. 提取选址区域

浏览数据，确定一个合理的提取值，将大于该值的像元提取出来作为选址区域。本实验中采用 71 作为分级界线，采用重分类方法将小于该值的像元设为“NoData”，其余设为“1”，输出数据命名为“F_Extract”。

12. 转换为多边形并制图

打开 Raster to Polygon 工具，将上一步生成的选址区域数据 F_Extract 转换成矢量的多边形数据，命名为“NewMarkets”，编辑该数据（如删除较小的多边形、合并其中较小的空窗、对多边形边界进行平滑处理等），保存编辑后叠加其他要素，制作选址结果如图 17.2 所示。

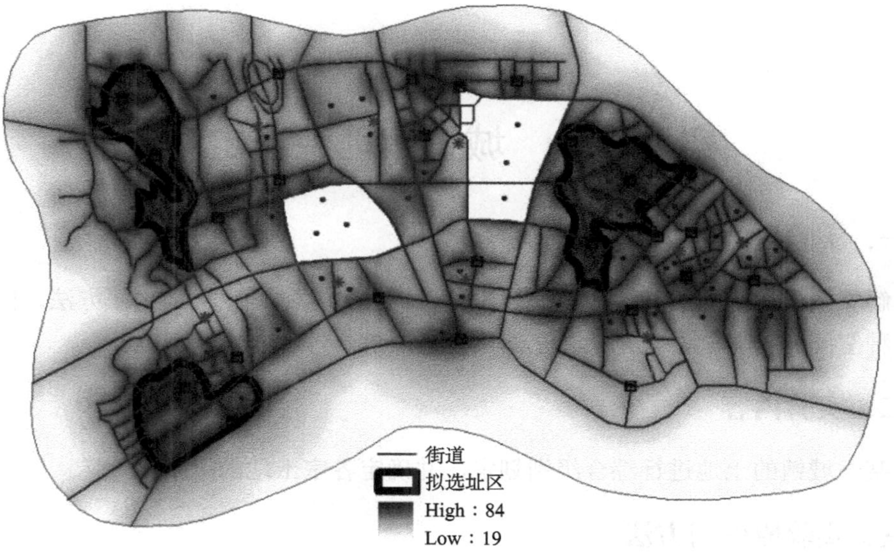

图 17.2　选址结果图

六、实验说明

（1）本实验采用衰减模型来计算要素对周边的影响强度，与采用重分类赋值的方法相比，其结果更加合理，它能体现数据的连续变化，并与实际的变化情况较为吻合。

（2）提取选址区域所用的像元界线值的确定，往往需要先通过对数据进行分级显示（两级），不断调整界线值，直到满意之后再采用这个值对数据进行分类和提取。

实验十八　城镇土地综合定级

一、实验目的

了解城镇土地定级的基本原理，熟悉基于栅格数据的城镇土地定级方法，能够熟练运用多种空间分析方法，对复杂的空间问题开展综合评估与级别划定。

二、实验内容

对某一城镇的土地进行综合级别划定，并确定各宗土地的级别。

三、实验原理与方法

实验原理：城镇土地定级是根据城镇土地的经济和自然两方面属性及其在社会经济活动中的地位、作用，对其使用价值进行综合分析，以揭示城镇内部土地质量的地域差异，评定城镇土地级别的活动。它有综合定级和分类定级两种类型。分类定级包括商服用地定级、住宅用地定级、工矿仓储用地（工业）定级等。综合定级主要考虑繁华程度、交通条件、基本设施、环境条件等方面的因素。因素作用分的计算采用相对值法和距离递减法，一般按 0~100 分封闭区间赋分，因素指标与作用分的关系按正相关设置，因素条件越好，距离越近，作用分越高；定级单元划分一般采用网格法，便于利用 GIS 的栅格分析功能；权重的确定可采用特尔菲测定法、因素成对比较法、层次分析法；单元总分值的计算往往采用多因子加权求和法；级别的确定可采用总分数轴法、总分频率曲线法、总分剖面图法。

实验方法：首先研究相关的规程，建立城镇土地定级的指标体系（因素和因子）（表 18.1）。其次确定各因素和因子的权重并对要素进行量化和标准化处理，确定要素的功能分、距离衰减模式、最大影响距离。然后分别对每个因子计算距离栅格 d_i，结合最大影响距离 d_0，计算相对距离系数 $r_i = d_i / d_0$；根据功能分 f_0 和 r_i，按距离衰减模式计算各个像元的作用分；加权叠加计算单因子的作用分，得到作用总分；对总分数据进行平滑

表 18.1　城镇土地综合定级因素信息表

因素	繁华程度	交通条件	基本设施			环境条件
因子	商服中心	主干道路	医院	学校	体育馆	公园
权重	0.3	0.1	0.2	0.15	0.05	0.2
最大影响距离 d_0	2000	200	1000	1500	600	1200
功能分 f_0	100	100	100	100	100	100
衰减模式	$F_i = f_0(1-r_i)^2$	$F_i = f_0(1-r_i)$	$F_i = f_0(1-r_i)$			$F_i = f_0^{(1-r_i)}$

处理，并根据数据的分布特点结合调查数据进行验证，确定定级界线，划定不同的土地级。最后以宗地多边形为分区数据，对平滑后的总分数据进行分区统计，确定各宗土地的级别。表 18.1 给出了本实验中的定级指标体系、权重、最大影响距离、功能分、衰减模式等，后续的实验步骤从以上的第三个阶段开始。实验流程见图 18.1。

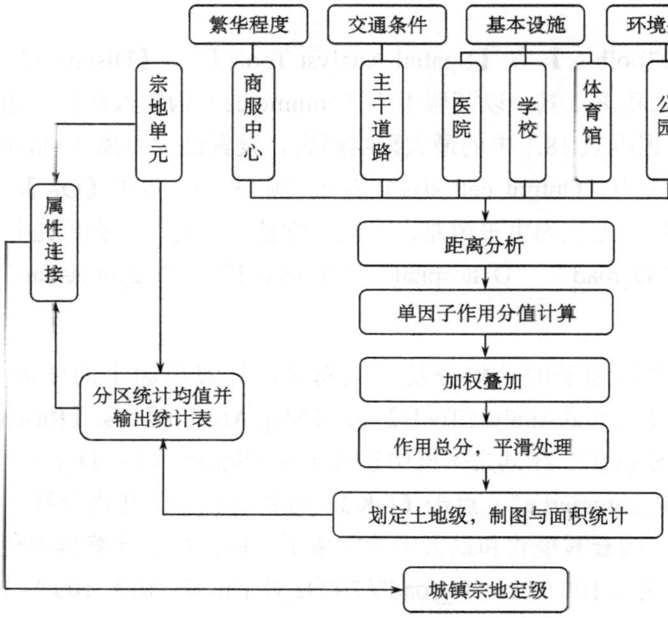

图 18.1　实验流程图

四、实验设备与数据

（1）实验设备：计算机。

（2）主要软件：ArcGIS 10、Excel 等。

（3）实验数据："实验 18"文件夹中"实验数据.gdb"下的相关数据，包括商服中心（commerce）、道路（road）、学校（school）、医院（hospital）、公园（park）、体育馆（gymnasium）、宗地单元（parcel）和城镇范围（xzq）。

五、实验步骤

1. 实验准备

（1）打开 ArcMap，激活 Spatial Analyst 模块（【Customize】→【Extensions...】→【Spatial Analyst】）。

（2）加载实验数据，并对其进行符号化。

（3）在实验 18 文件夹中新建一个 File Geodatabase，命名为"实验结果"，用于存放结果数据。

（4）在 ArcToolbox 的环境设置中，将临时工作空间（Scratch Workspace）设置为实验 18 文件夹中的“实验结果.gdb”，将 Processing Extent 中的范围（Extent）和 Raster Analysis 中的掩膜（Mask）均设置为与“parcel”一致。

2. 距离计算

依次双击【ArcToolbox】→【Spatial Analyst Tools】→【Distance】→【Euclidean Distance】，打开欧氏距离工具，以商服中心（commerce）为输入数据，输出数据命名为“D_commerce”，根据表 18.1 中的最大影响距离，设置最大距离（Maximum distance）为 2000，输出像元大小（Output cell size）为 2（图 18.2），点击【OK】，计算商服中心的距离栅格。用同样的方法为主干道路、医院、学校、体育馆、公园进行距离计算，输出数据分别命名为“D_road”“D_hospital”“D_school”“D_gymnasium”“D_park”。

3. 作用分计算

根据表 18.1 中各因子的功能分及衰减模式，计算单因子的作用分。依次双击【ArcToolbox】→【Spatial Analyst Tools】→【Map Algebra】→【Raster Calculator】，打开栅格计算器（图 18.3），在其文本框中输入 100 * Square（1 - "D_commerce" / 2000），输出数据命名为“F_commerce”，点击【OK】，得到商服中心作用分数据。同理，计算其他因子的作用分。因衰减模式和最大影响距离不一样，栅格计算器中输入的计算式不同：对于主干道路，输入 100 *（1 - "D_road"/ 200）；对于医院，输入 100 *（1 -"D_hospital"/ 1000）；对于学校，输入 100 *（1 -"D_school"/ 1500）；对于体育馆，输入 100 *（1 -"D_gymnasium"/ 600）；对于公园，输入 Power（100,（1 -"D_park"/ 1200））。输出的数据依次命名为“F_road、F_hospital ”、“F_school”、“F_gymnasium”和“F_Park”。

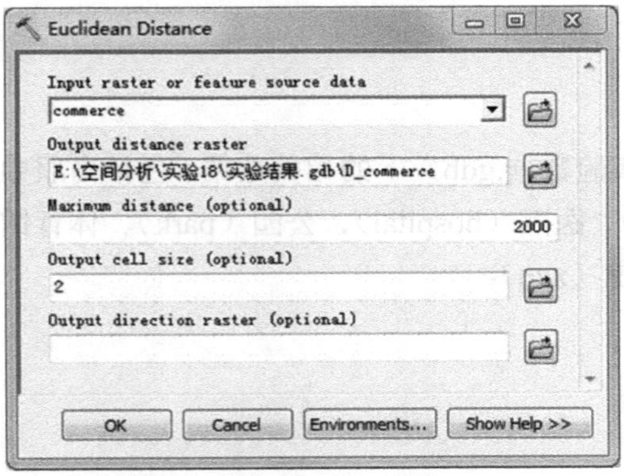

图 18.2　计算商服中心距离

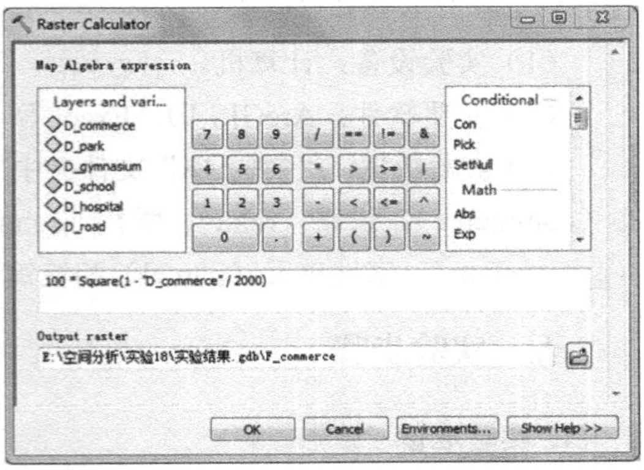

图 18.3　计算商服中心作用分

4. 去空值处理

因为空值不参与栅格计算，所以需要对上一步的结果进行去空值处理。以

F_commerce 的空值处理为例，打开栅格计算器，输入计算式 Con(IsNull("F_commerce"), 0,"F_commerce")（图 18.4），将空值区域赋值为 0，否则保留原数据，输出数据命名为“N_commerce”，点击【OK】，得到覆盖整个定级区域的商服中心作用分数据（图 18.5）。同理，对主干道路、医院、学校、体育馆、公园的分值数据进行去空值处理，输出数据依次命名为“N_road”“N_hospital”“N_school”“N_gymnasium”“N_Park”。

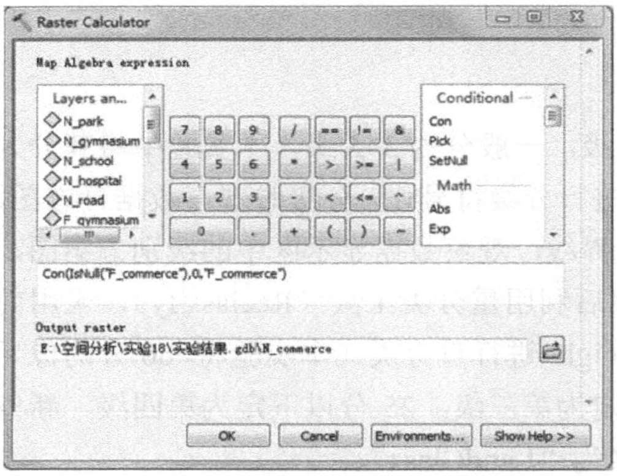

图 18.4　去空值处理

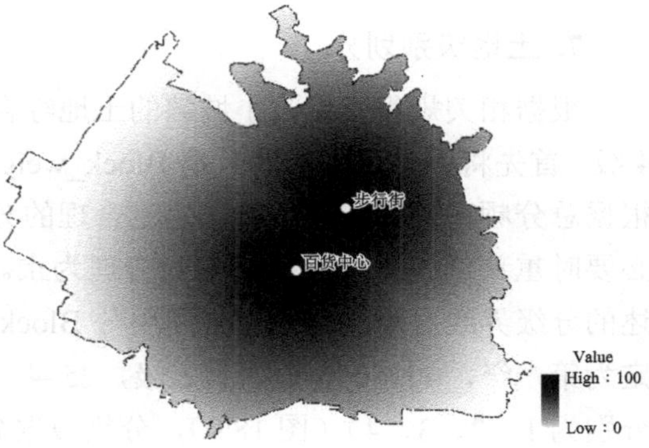

图 18.5　去空值后的商服作用分

5. 加权叠加

根据表 18.1 中各因子的权重，对上一步生成的单因子作用分数据进行加权叠加，计算作用总分（综合作用分值）。打开栅格计算器，输入计算式"N_commerce" * 0.3 + "N_road" * 0.1+ "N_hospital" * 0.2 + "N_school" * 0.15+ "N_gymnasium" * 0.05 + "N_park" * 0.2（图 18.6），输出数据命名为“WeightSum”，点击【OK】，计算综合作用分（图 18.7）。

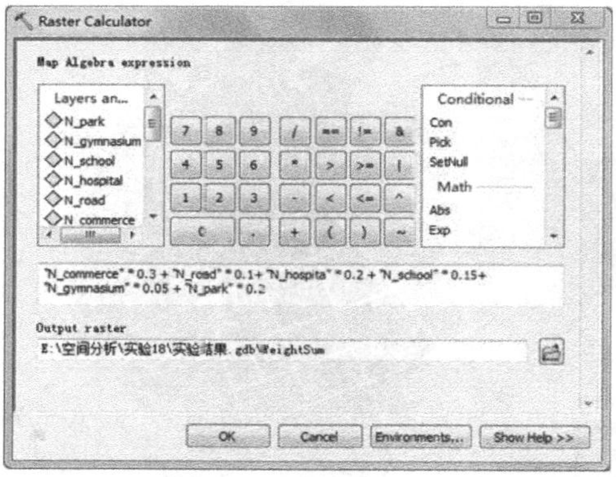

图 18.6　加权叠加计算综合作用分

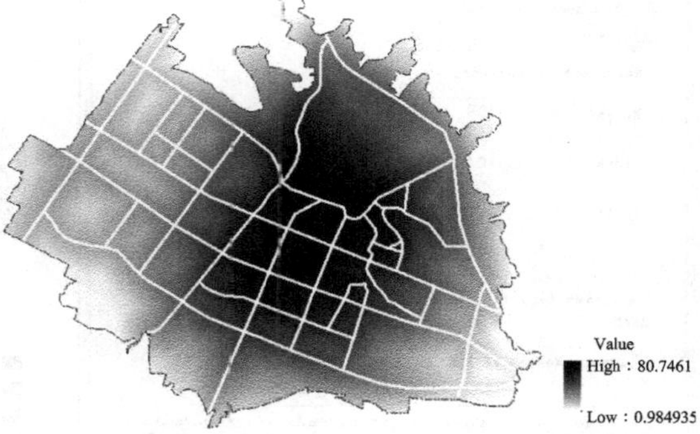

图 18.7　综合作用分计算结果

6. 数据平滑处理

平滑的目的在于消除数据中可能存在的一些细块，避免造成一些很少的级别单元。打开邻域分块统计工具 Block Statistics（【ArcToolbox】→【Spatial Analyst Tools】→【Neighborhood】→【Block Statistics】），输出命名为“Block_weight”，邻域设置为 10×10 的矩形块，统计类型选择“MEAN”，点击【OK】，得到平滑后的综合作用分（图 18.8）。

7. 土地级别划分

根据相关规程规定，小城镇的土地综合定级，一般分为 3~5 级，本实验中将其分为 4 级。首先将上一步生成的数据 Block_weight 进行分级符号化，分级时观察数据直方图，根据总分频率曲线法的思路，确定合理的分级界线，观察数据显示区中的级别方案图，必要时重新调整分级界线，直到合理为止。然后利用重分类工具（Reclassify），采用前述的分级界线对平滑后的综合作用分 Block_weight 进行重分类（本实验将>60 分的像元定为第一级，40~60 分定为第二级，25~40 分定为第三级，25 分以下定为第四级，新值分别为 1、2、3、4）（图 18.9），分级数据命名为“LandClass”。

8. 制图与面积统计

选择合理的地理基础数据（如街道、城镇范围等），与分级数据一起，合理进行数据符号化，制作城镇土地级别图。将 LandClass 的属性表输出为 dbf 文件，在 Excel 中打开，利用像元数量（Count）和像元大小，计算各级土地的面积，将表格另存为“定级面积统计表.xls”。

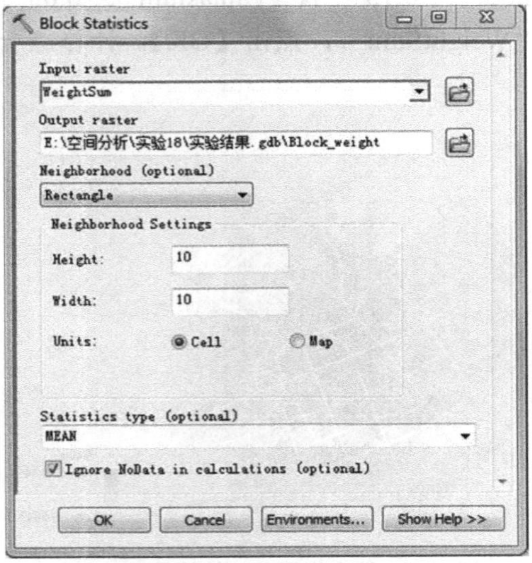

图 18.8　邻域分块统计平滑数据

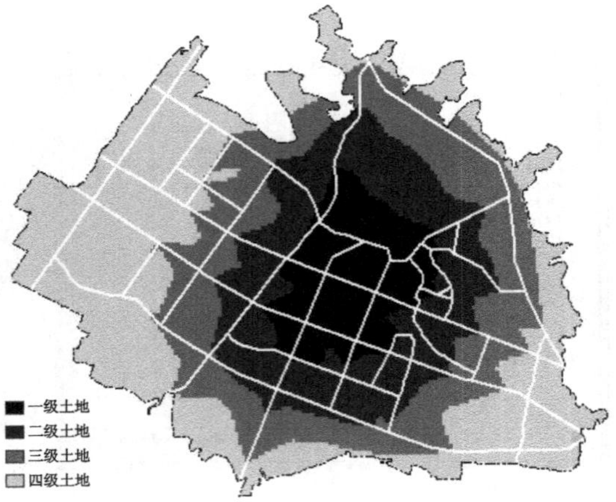

图 18.9　城镇土地级别图

9. 城镇宗地定级

土地定级中有时也采用宗地作为定级单位，所以需要为每宗土地确定一个土地级别。

（1）分区统计分析。打开分区统计工具（【ArcToolbox】→【Spatial Analyst】→【Zonal】→【Zonal Statistics as Table】），以宗地数据 parcel 为分区数据，以 OBJECTID 为分区字段，值栅格采用平滑后的综合作用分 Block_weight，输出数据命名为“Zonal_Mean”，统计类型选择“MEAN”（图 18.10），点击【OK】，计算每宗土地的平均定级分值。

（2）将统计数据连接到宗地。打开字段连接工具（【ArcToolbox】→【Data Management Tools】→【Joins】→【Join Field】），以 OBJECTID 为公共字段，将上一步的统计表连接到宗地数据 parcel 之中。打开 parcel 的属性表，添加一个短整型的字段 Class，根据每宗地的平均分及级别划分界线，在 Class 字段中为每宗地输入级别值。

（3）根据每宗地的级别，制作城镇宗地级别图（图 18.11）。

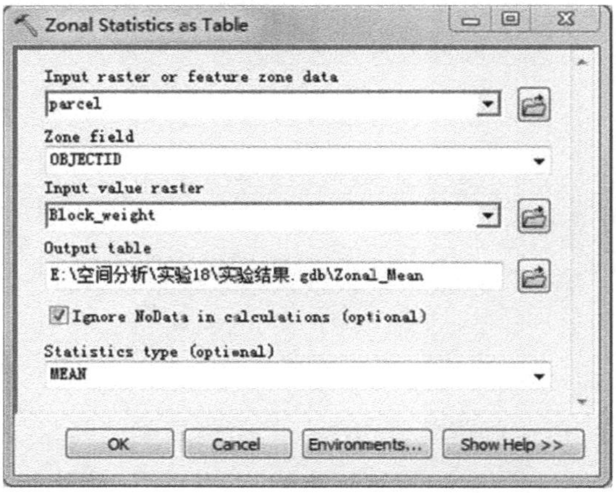

图 18.10　计算每宗地的平均定级分

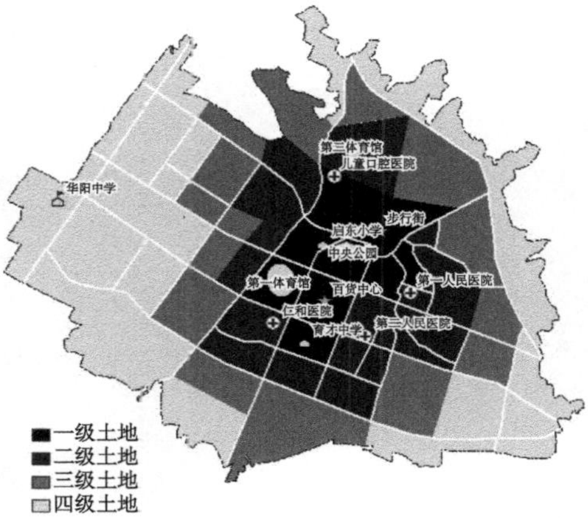

图 18.11　城镇宗地级别图

六、实验说明

（1）实验中的距离计算采用了最大距离约束，将超过最大距离的像元值作为空值。叠加中为避免空值的影响，采取了去空值处理方法。若未进行最大距离约束和去空值处理，则需要在后续处理中单独计算距离指数，并将距离指数大于 1 的像元转换为 1。

（2）级别划分界线的确定，不能只根据综合作用分的数据分布特征，往往还要结合地价等相关资料来综合确定。

（3）读者可以根据自己对土地级别划分的思考，调整表 18.1 中各因子的权重、最大影响距离、功能分、衰减方式，甚至重新建立评价指标体系。

（4）实验中将所有要素的功能分均设置为 100 是为了简化实验过程。事实上，不同的要素，其功能分应当是不同的。例如，市级商业中心、区级商业中心等，应根据其营业额等资料来确定其功能分大小。

（5）我国对城镇土地分等定级有专门的国家标准，有兴趣的读者可以查询《城镇土地分等定级规程（GB/T 18507—2014)》。在具体的项目实施中，应遵循相关的标准。

实验十九　土地利用动态变化分析

一、实验目的

了解土地利用变更与动态变化分析的基本原理，掌握土地利用动态变化分析的基本方法，能够结合叠加分析、统计分析等方法开展区域土地利用变化研究。

二、实验内容

根据基期土地利用数据和期内的变更图斑，分析土地利用类型的数量和结构变化，计算土地利用动态度，并制作土地利用转移矩阵。

三、实验原理与方法

实验原理：土地利用动态变化的实质就是将前后两个时期的土地利用多边形数据进行叠加，通过比较叠加生成的多边形中前后土地类型的组合情况，就可以判断出该地块是否发生用途的变化及怎样变化。土地利用动态度是指研究区一定时间范围内某类土地的变化面积与变化前面积的比例，可以反映该类土地变化的剧烈程度。土地利用转移矩阵将不同类型土地间的转移面积以矩阵的形式加以列出，反映期内各类土地减少的去向及增加的来源，是土地利用动态变化分析中最重要的数据。

实验方法：首先按目标要求将所有土地利用数据转换成一级地类。然后基于ArcGIS中的叠加工具，利用2009~2014年土地利用变更图斑识别2009年土地利用数据，得到2014年的土地利用数据。最后，利用ArcGIS中的频数统计工具进行分类面积汇总，得到研究区的土地利用变化情况和土地利用转移矩阵。实验流程如图19.1所示。

四、实验设备与数据

（1）仪器设备：计算机。

（2）主要软件：ArcGIS 10、Excel等。

（3）数据准备："实验19"文件夹中的Landuse数据库、全国土地利用分类和编码（土地利用现状分类标准.doc）、土地利用变化情况统计表（统计表.xls）、土地利用转移矩阵表（矩阵表.xls）。Landuse数据库中包括2009年土地利用数据（landuse2009）、2009~2014土地利用变更图斑（bgtb2014）、分村行政区数据（admin）。

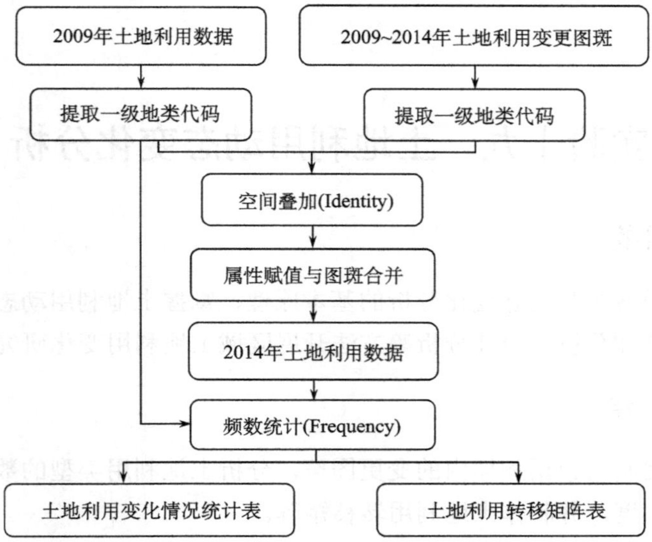

图 19.1　实验流程图

五、实验步骤

1. 认识土地分类体系

打开“土地利用现状分类标准.doc”文件，认识全国土地利用的分类体系，了解土地的类型划分、各类土地的内涵及编码。打开统计表和矩阵表，了解分析结果的需求。

2. 加载并浏览土地数据

打开 ArcMap，加载 2009 年土地利用数据（landuse2009）、2009~2014 土地利用变更图斑（bgtb2014）。打开其属性表，浏览数据，认识和了解数据中的土地类型代码和名称。要注意表中的代码和名称均为二级地类，而分析目标中的统计表和矩阵表，均为一级地类，从代码上看，只需要原代码的前两位，因此需要在后续操作中进行一级代码的提取。

3. 设置分析环境

打开 ArcToolbox，将其分析环境中的临时工作空间设置为“实验 19”文件夹下的 Landuse 数据库。

4. 提取一级编码

打开 landuse2009 的属性表，添加一个长度为 5 的文本型（Text）字段 YJBM_2009，用于存储一级类型代码。右键点击该字段标题，选择字段计算器（Field Calculator…），在字段计算器下方的文本框中输入 Left（[DLBM_2009],2），点击【OK】，提取原代码的前两位作为一级地类代码。对比原代码，检查新代码的提取是否正确。用同样的方法为 bgtb2014 属性表添加一个相同类型和长度的字段 YJBM_BG，计算其新的代码（原代码前两位）。

5. 数据叠加

打开识别叠加工具(【ArcToolbox】→【Analysis Tools】→【Overlay】→【Identity】)，以 landuse2009 作为输入要素，以 bgtb2014 为识别要素，输出数据命名为“landuse2014”，其余采用默认值，点击【OK】完成叠加。

6. 属性补充

观察 landuse2014 的属性表，可以发现 FID_bgtb2014 字段属性中有值为“–1”并伴随 DLBM_BG、DLMC_BG、YJBM_BG 三个字段属性为空值的情况，这些是未发生变更的图斑。表中这些图斑三个字段中的属性值需要从 landuse2009 中的相应字段中去复制过来。具体操作如下：①选中要素。采用 Select By Attributes 工具，选中 landuse2014 属性表中 FID_bgtb2014 字段值为–1 的地类图斑。②右键点击 landuse2014 属性表中的“YJBM_BG”字段的标题，选择字段计算器（Field Calculator...），在字段计算器下方的文本框中输入[YJBM_2009]，点击【OK】，将原一级代码复制过来。点击工具条上的☑按钮，取消图斑的选中状态。

7. 汇总数据

打开频数统计工具（【ArcToolbox】→【Analysis Tools】→【Statistics】→【Frequency】)，以 Fre2009.dbf 为输出表格名称，并且直接存放于“实验 19”文件夹之中，以 2009 年一级土地利用类型编码（YJBM_2009）作为频数字段（Frequency Fields）、以面积（Shape_Area）作为汇总字段（Summary Fields）进行面积的分类汇总，得到 2009 年各类土地面积统计表（dbf 格式）。打开并浏览该表，理解表中各字段的含义。用同样的方法汇总 2014 年的各类土地面积（频数字段 YJBM_BG，输出表名为“Fre2014.dbf”）。

8. 土地利用动态度计算

先打开土地利用变化情况统计表（统计表.xls）；然后在 Excel 中分别打开上一步生成的两个表格（打开时的文件类型选择“所有文件”），将面积从平方米换算成公顷后把数据复制到统计表中的相应位置；最后依次计算总变化量、年变化量和年均土地利用动态度（表 19.1）。根据表 19.1 中的数据，分析研究区土地利用变化特点。

表 19.1　2009~2014 年研究区土地利用变化情况统计表

土地利用类型	2009 年/hm^2	2014 年/hm^2	总变化量/hm^2	年变化量/hm^2	年均土地利用动态度/%
耕地（01）	2831.40	2805.38	–26.02	–5.20	–0.18
园地（02）	97.49	96.01	–1.48	–0.29	–0.3
林地（03）	8480.34	8474.40	–5.94	–1.19	–0.01
草地（04）	563.45	562.48	–0.97	–0.19	–0.03
交通运输用地（10）	1.84	29.97	28.13	5.63	305.76
水域及水利设施用地（11）	74.87	73.55	–1.32	–0.26	–0.35
其他土地（12）	90.89	90.93	0.04	0.01	0.01
城镇村及工矿用地（20）	222.37	229.94	7.57	1.51	0.68

（1）从用地类型组成上分析，研究区土地利用类型主要由林地、耕地和草地组成。

（2）研究时段内，耕地面积从 2831.40hm^2 减少至 2805.38hm^2，减少幅度最为显著，而交通运输用地和城镇村及工矿用地的增幅最为明显，分别增加了 28.13hm^2、7.57hm^2。

（3）根据土地利用动态度可知，2009~2014 年，研究区交通运输用地、城镇村及工矿用地，以及其他土地总体呈增加趋势，其中，交通运输用地的增加速率最快，其次是城镇村及工矿用地；水域及水利设施用地、园地及耕地总体呈减少趋势，其中，水域及水利设施用地减少速率最快，其次是园地和耕地。

9. 土地利用转移矩阵的制作

（1）建立类型转换字段并计算。打开 landuse2014 的属性表，新建一个长度为 10 的文本型字段（Trans），右键点击该字段标题，选择字段计算器（Field Calculator…），在其下方的文本框中输入[YJBM_2009] & "-" & [YJBM_BG]，点击【OK】即可生成前后地类代码连接值。该值反映图斑在变更前后的土地类型，以及不同土地类型之间的转移关系。

（2）统计转换情况。利用频数统计工具 Frequency，对 landuse2014 进行分类统计，以 Trans 字段作为频数字段、以面积字段（Shape_Area）作为汇总字段，输出数据以 LandTrans.dbf 命名并直接存放于“实验 19”文件夹之中，点击【OK】，计算得到 2009~2014 年土地转移情况统计表。

（3）转移矩阵的制作。先打开土地利用转移矩阵表（矩阵表.xls）；然后在 Excel 中打开上一步生成的转移情况统计表 LandTrans.dbf（打开时的文件类型选择“所有文件”），将面积从平方米换算成公顷后把数据复制到矩阵表中的相应位置；最后依次计算减少量、增加量、净增减，以及 2009 年和 2014 年各类土地的总量数据（表 19.2）。

表 19.2　2009~2014 年研究区土地利用类型面积转移矩阵　　（单位：hm^2）

2009 年		2014 年								减少量
		01	02	03	04	10	11	12	20	
		2805.38	96.01	8474.4	562.48	29.98	73.55	90.93	229.94	
01	2831.4	2805.3	0	0	0	18.69	0	0.12	7.29	26.1
02	97.49	0	96.01	0	0	1.48	0	0	0	1.48
03	8480.35	0	0	8474.4	0	4.28	0	0	1.67	5.95
04	563.45	0	0	0	562.48	0.97	0	0	0	0.97
10	1.84	0	0	0	0	1.84	0	0	0	0
11	74.86	0	0	0	0	0.70	73.55	0	0.61	1.31
12	90.9	0	0	0	0	0.09	0	90.81	0	0.09
20	222.38	0.08	0	0	0	1.93	0	0	220.37	2.01
增加量	—	0.08	0	0	0	28.14	0	0.12	9.57	37.91
净增减	—	−26.02	−1.48	−5.95	−0.97	28.14	−1.31	0.03	7.56	0

10. 土地转移分析

根据表 19.2，可以发现 2009~2014 年土地利用转移呈以下特点：①减少的耕地和草地去向为交通运输用地和城镇村及工矿用地，减少的林地全部去向为交通运输用地。②新增的耕地源自城镇村及工矿用地（废弃农村居民点或工矿的复垦）；新增的交通运输用地主要来自耕地和林地；新增的城镇村及工矿用地全部来自耕地、林地和少量的水域及水利设施用地。

六、实验说明

（1）转移矩阵是反映数据结构和类型转换的一种非常有效的方法。除了可以采用本实验中矢量叠加和统计的方法外，还可以基于栅格数据，采用组合运算（【ArcToolbox】→【Spatial Analyst Tools】→【Local】→【Combine】）或面积制表工具（【ArcToolbox】→【Spatial Analyst Tools】→【Zonal 】→【Tabulate Area】）来进行。也可以将叠加后生成的数据的属性表输出为 dbf 文件后，在 Excel 中打开，选择用于统计的数据区域，通过插入数据透视表的方式生成转移矩阵。

（2）请根据提供的分村行政区划数据（admin.shp），制作分村的土地利用变化情况表和土地利用类型面积转移矩阵。同一个变更图斑在叠加后可能产生切割，因此还存在多个具有相同类型的相邻图斑，后续处理中需要对其进行融合处理（Dissolve）。

（3）本实验中土地利用面积采用的均是图斑面积，而实际应用中的土地面积采用的是图斑地类面积，即图斑面积扣除地类面积、零星地物面积、线状地物面积等之后所得的净面积。

（4）为简化实验，本实验中的土地面积统计与转换矩阵，均采用的是一级地类。现实研究中若需要更详细的分析，则可以直接按二级地类进行统计。

实验二十　森林火灾分析

一、实验目的

了解自然灾害分析的一般过程，学会综合运用 GIS 的空间分析功能解决受灾区域的提取和受灾要素的分析。

二、实验内容

根据 EO-1 卫星影像，利用 GIS 的图像分类功能，提取森林火灾的受灾范围，并分析受灾的森林树种分布及面积。

三、实验原理与方法

实验原理：地球观测卫星-1（EO-1）是 NASA 新千年计划（NMP）中为接替 Landsat7 而研制的新型地球观测卫星。该卫星上搭载的高级陆地成像仪（Advanced Land Imager，ALI），可以获取 Landsat TM 和 ETM 的替代数据，其技术性能和指标与 Landsat 7 的 ETM+ 保持了连贯性，并且在光谱分辨率和数据质量上有很大提高。在卫星影像中，火灾形成的迹地有着明显不同的光谱特征，合理进行波段组合，选择火灾区与非火灾区的训练样本，通过交互式监督分类方法，可以提取火灾区范围。将该范围与火灾前的森林树种分布数据进行叠加并统计，可以获取受灾的树种分布及面积。

实验方法：首先对 EO-1 影像进行波段组合生成假彩色图像；再合理选择林火区和非林火区的训练样本，采用交互式监督分类方法，提取林火区范围；然后将林火区范围与林区树种分布数据进行叠加，得到受灾树种分布数据；最后进行分类汇总统计，得到各类树种的受灾面积。实验流程见图 20.1。

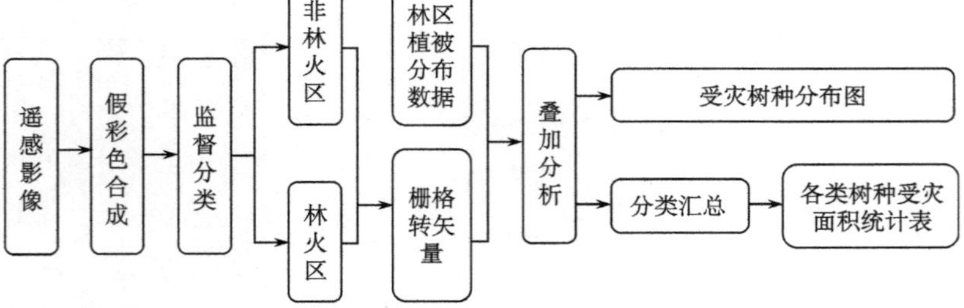

图 20.1　实验流程图

四、实验设备与数据

（1）实验设备：计算机。

（2）主要软件：ArcGIS 10。

（3）实验数据："实验 20"文件夹中 ForestFire 数据库中的数据，包括卫星影像数据 EO1 和林区树种数据 Vegetation。

五、实验步骤

1. 加载并浏览数据

打开 ArcMap，加载数据 EO1 和 Vegetation，浏览数据。

2. 设置分析环境

打开 ArcToolbox，在其环境设置（Environment Settings）中，将临时工作空间（Scratch Workspace）设置为"实验 20"文件夹中的 ForestFire.gdb。

3. 图像的假彩色合成

右键点击 EO1 图层，打开图层属性对话框（Layer Properties），选择符号化（Symbology）选项卡，在 RGB Composite 面板中，设置合适的波段组合以突出火烧迹地的范围，这里选择 9、6、4 的波段组合（即 Red 通道为 Band_9，Green 通道为 Band_6，Blue 通道为 Band_4）（图 20.2）。点击【确定】后观察影像，可以看到火灾区以红色突显了出来。

4. 图像分类

（1）右键点击菜单空白处，选择"Image Classification"，打开图像分类工具条，设置分类图层为"EO1"。

（2）在 Image Classification 工具条上点击训练样本创建按钮，在图中的红色区域绘制火灾区的训练样本区域。为提高分类精度，应尽量多选一些训练样本，且样本的类型具有代表性（如深红、浅红等区域都应有样本）。样本选择完成后，点击工具条上的训练样本管理器（Training Sample Manager）按钮，打开管理器，通过 Ctrl+A 全选刚刚绘制的训练样本，点击管理器菜单中的合并训练样本（Merge training samples）按钮，将所有训练样本合并为一类，并设置 Class Name 为"林火区"，选择合适的颜色（如红色）（图 20.3）。采用同样的方法，绘制多个不同类型的非林火区训练样本，合并后设置名称和颜色。

（3）点击 Image Classification 工具条上的 Classification 下拉菜单，选择交互式监督分类（Interactive Supervised Classification），开始进行图像分类。分类结束后，分类结果将以设定的颜色显示出林火区和非林火区范围（图 20.4）。浏览分类结果，若对其不满意，可重复上一步，重新进行训练区选择和重新分类。

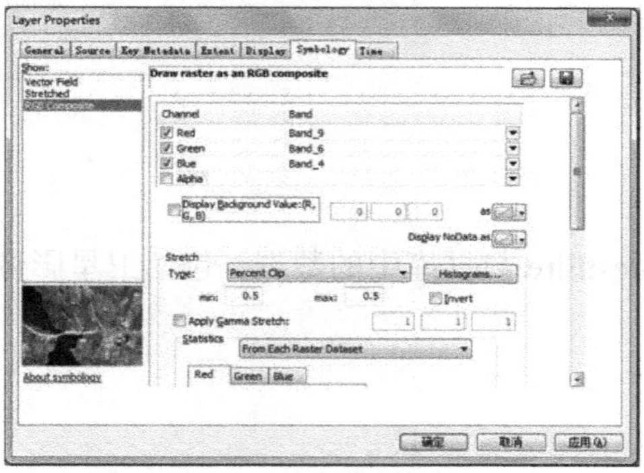

图 20.2　影像的假彩色合成

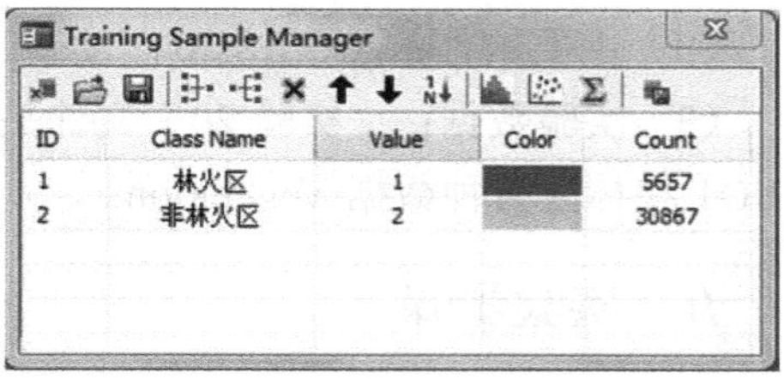

图 20.3　训练样本的管理

（4）保存分类结果。默认情况下分类结果保存在 C 盘的临时文件夹中。若需要保存分类结果，右键点击分类结果图层，选择【Data】→【Export Data...】，将结果保存到实验 20 文件夹下的 ForestFire 数据库中。点击 Image Classification 工具条上的 按钮，删除训练样本。

5. 矢量边界提取

先打开栅格转矢量工具（【ArcToolbox】→【Conversion Tools】→【From Raster】→【Raster to Polygon】），如图 20.5 所示设置相关参数，将分类结果转为矢量多边形数据，命名为“FireRegion”。然后打开矢量图层属性表，通过属性查找（Select By Attributes...）将 Class_name 为“非林火区”的图斑全部选中，并启动 Editor 工具，设置本图层为编辑图层后，删除选中的图斑，仅保留林火区图斑。保存数据并停止编辑。

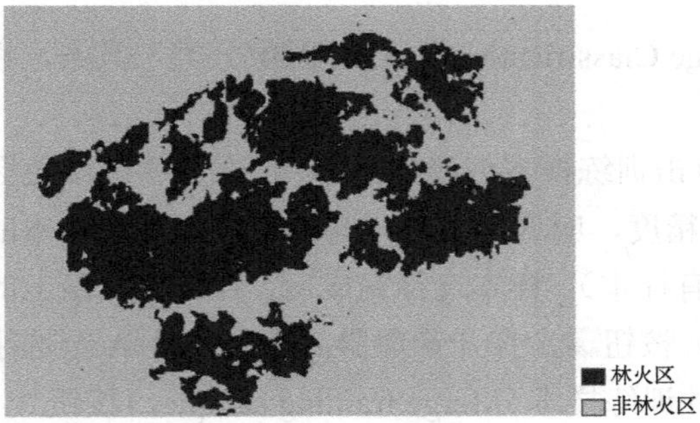

图 20.4　监督分类结果

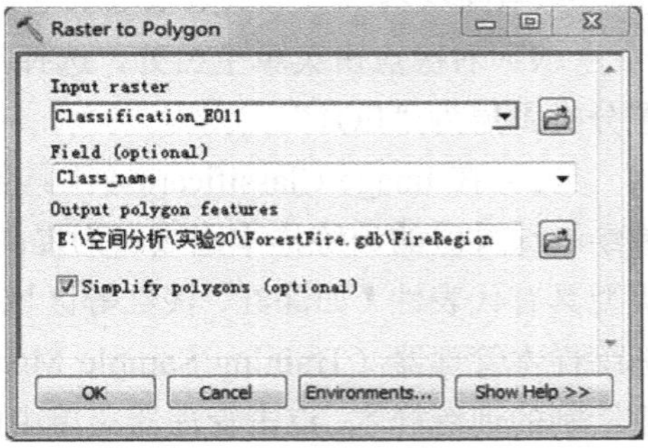

图 20.5　林火区栅格转矢量多边形

6. 受灾区域叠加

打开识别叠加工具 Identity（【ArcToolbox】→【Analysis Tools】→【Overlay】→【Identity】）(图 20.6)，将上一步生成的矢量多边形 FireRegion 与林区树种数据 Vegetation 进行叠加，输出数据命名为“FireVegetation”。输出数据即受灾树种分布数据，根据其 VegName 字段（树种名称），制作受灾树种分布图（图 20.7）。

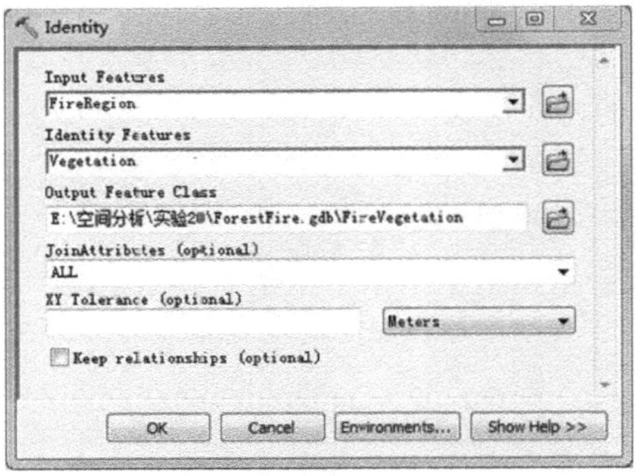

图 20.6　数据叠加

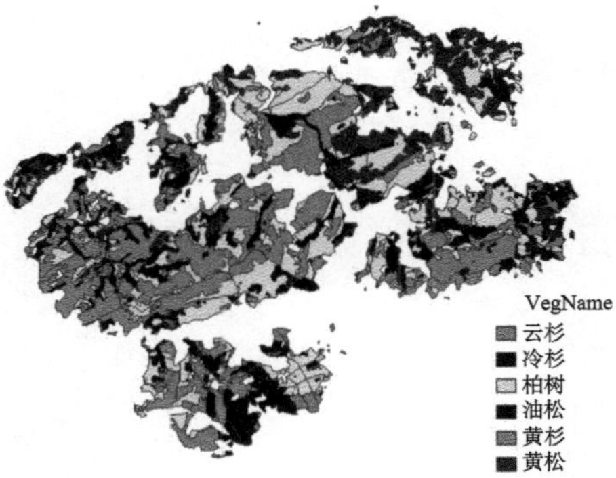

图 20.7　受灾树种分布图

7. 数据统计

采用频数统计工具(【ArcToolbox】→【Analysis Tools】→【Statistics】→【Frequency】)，对 FireVegetation 数据以 VegName 作为频数字段(Frequency Field)，以面积(Shape_Area)作为汇总字段(Summary Field)，汇总统计各类树种的受灾面积。默认情况下，统计表保存在 ForestFire 数据库中。若需要在 Excel 中打开和处理该表，也可以采用 dbf 格式输出并直接保存在实验 20 文件夹下。

六、实验说明

(1) 不同的人在不同的时间，绘制的训练样本不一样，因此采用交互式监督分类所得到的分类结果往往也不会一致。

(2) 图像分类的精度对受灾分析的结果影响较大。分类完成后建议与假彩色图像进行对比，评估分类精度，必要时可以调整训练样本或采用其他的影像解译方法来提取火灾区域。

(3) 将林区树种数据转换为栅格数据，与火灾分类区进行栅格叠加与统计，也可以得到受灾树种的分布与面积。

(4) 林火区的面积也可以通过像元数量乘以像元面积的方式进行计算。